272

ÉCOLE PRÉPARATOIRE

DU LABOUREUR,

A L'USAGE

DE TOUS LES AGES, DE TOUTES LES PROFESSIONS ET DE TOUTES LES CLASSES,

PAR J. E. DEFRANOUX,

Président de la Société d'Émulation du Jura, membre de celle
des Vosges, et bibliothécaire du Comice agricole de
Lons-le-Saunier.

Voulez-vous arrêter l'émigration agricole et moraliser
la ville et la campagne ?
Par une multitude de courts adages, dites à l'agriculteur que nulle profession ne vaut la sienne; au propriétaire, que le progrès réclame de lui une masse d'exemples ; à la ménagère, que pour concourir avec succès à la
prospérité de l'exploitation, elle a bien des choses soit à
savoir elle-même, soit à apprendre à sa jeune famille et
à ses domestiques, à l'enfance des deux sexes, que, dès
l'école, elle doit se préparer à pouvoir, un jour, bien
continuer l'œuvre paternelle et maternelle, et à tout le
monde, que la terre est une nourrice à entourer de soins,
et que la prière du travail agricole est deux fois sainte.

PRIX : 1 FRANC.

LONS-LE-SAUNIER,
Imprimerie et Lithographie de E. JOURNET-MEYNIER.

1859.

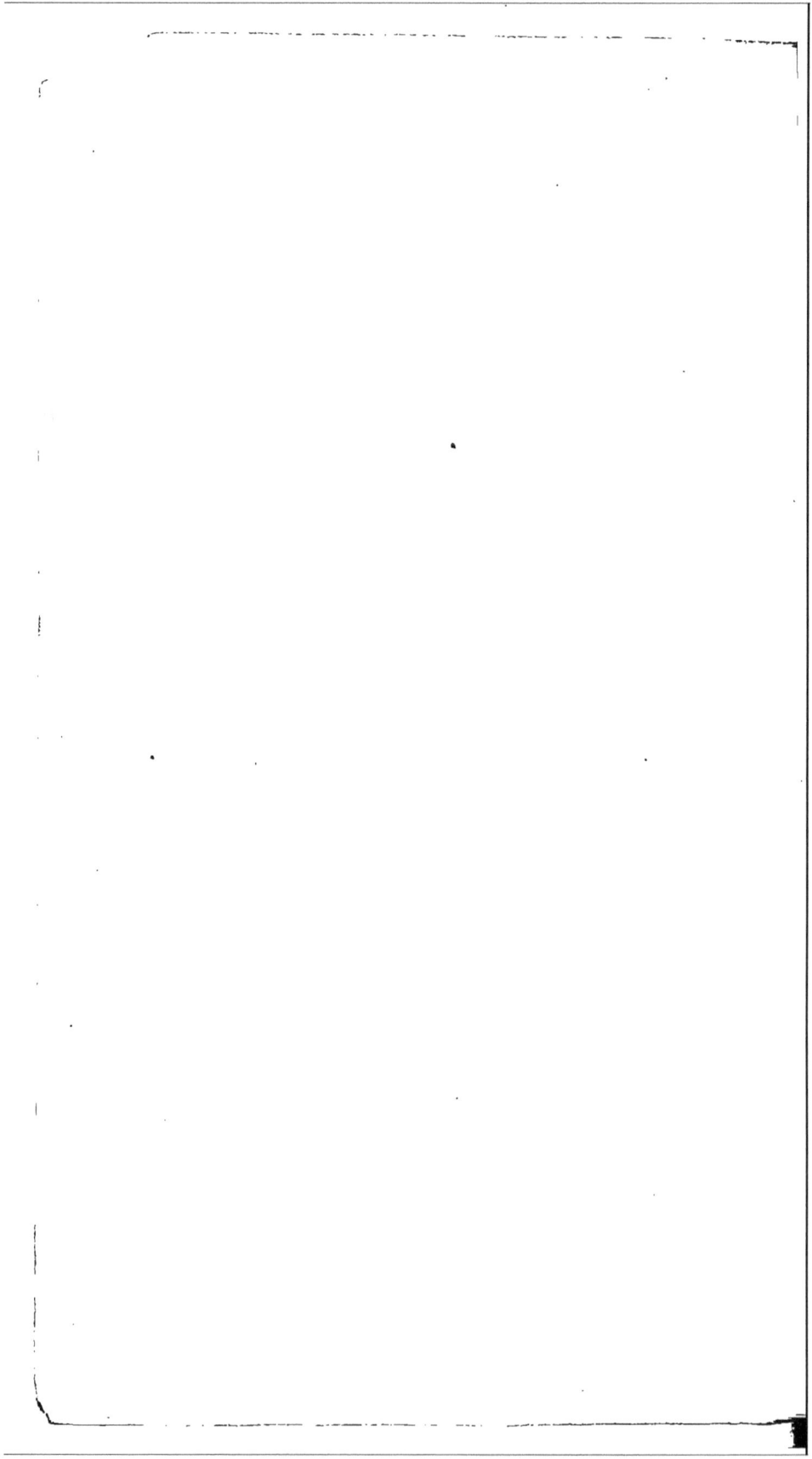

ÉCOLE PRÉPARATOIRE

DU

LABOUREUR.

ÉCOLE PRÉPARATOIRE

DU

LABOUREUR,

A L'USAGE

DE TOUS LES AGES, DE TOUTES LES PROFESSIONS ET DE TOUTES LES CLASSES,

Par J. E. DEFRANOUX,

Président de la Société d'Émulation du Jura, membre de celle
des Vosges, et bibliothécaire du Comice agricole de
Lons-le-Saunier.

———o—☾☸☽—o———

Voulez-vous arrêter l'émigration agricole et moraliser
la ville et la campagne?

Par une multitude de courts adages, dites à l'agriculteur que nulle profession ne vaut la sienne; au propriétaire, que le progrès réclame de lui une masse d'exemples; à la ménagère, que pour concourir avec succès à la
prospérité de l'exploitation, elle a bien des choses soit à
savoir elle-même, soit à apprendre à sa jeune famille et
à ses domestiques, à l'enfance des deux sexes, que, dès
l'école, elle doit se préparer à pouvoir, un jour, bien
continuer l'œuvre paternelle et maternelle, et à tout le
monde, que la terre est une nourrice à entourer de soins,
et que la prière du travail agricole est deux fois sainte.

≺☾☸☽≻

PRIX: 1 FRANC.

≺☾☸☽≻

LONS-LE-SAUNIER,
Imprimerie et Lithographie de E. JOURNET-MEYNIER.

—

1859.

AVIS DE L'ÉDITEUR.

Ce n'est pas un prospectus , mais une brochure qu'il nous faudrait pour donner une idée suffisante du livre substantiel que nous publions.

En effet, ce livre, ou plutôt ce tour de force, est le répertoire attrayant de presque toutes les règles professionnelles, économiques, politiques, morales et religieuses de la vie agricole.

En d'autres termes, sous un volume relativement exigu, et grâce à des milliers de préceptes presque tous de moins de trois lignes, et dont chacun se grave profondément dans les intelligences de tout ordre, il est une *Maison rustique* où l'agriculteur trouve, à côté de la science du labour, celle de la vie, dans ce qu'elle a de plus pratique, de plus varié et de plus saisissant.

Assurément, personne ne le lira, le père, sans le mettre entre les mains de ses enfants ; — les enfants, sans éclairer le père et la mère peu lettrés, sur ses enseignements ; — le voisin, sans en conseiller l'acquisition à son voisin ; — le riche oisif, sans se reprocher de n'avoir pas accordé à sa terre l'attention qu'elle sollicitait ; — le fermier, sans se sentir illuminé ; — le pasteur, sans le regarder comme une aide puissante ; les maîtres de l'enfance, sans vouloir que celle-ci se l'assimile par leurs explications, à l'école et sur le terrain ; — et l'homme du pouvoir, sans reconnaître que son effet certain sera de moraliser les masses industrielles par les masses agricoles.

Mais en ce moment d'indifférence causée par les mensonges du prospectus, qu'est-il besoin de multiplier, dans l'intérêt de notre livre, les phrases qui disent tout ce qu'on veut ?

Bornons-nous plutôt, dans notre foi, à annoncer que le prix du trésor agricole, économique, politique, moral et religieux, colligé par l'auteur, n'excède pas un franc, pour des milliers de vérités de premier ordre.

Cela dit, espérons voir Mes Seigneurs les Evêques, les sommités du pouvoir et de l'enseignement, les sociétés savantes, les comices, les pasteurs, les instituteurs et les libraires, favoriser par d'importantes demandes l'œuvre de régénération agricole, intellectuelle et morale que nous venons aider le Président de la Société d'Emulation du Jura à mener à bien.

ÉCOLE PRÉPARATOIRE

DU

LABOUREUR,

PAR J.-E. DEFRANOUX.

———◆◇◆———

Avertissement.

Dans le but d'appeler les études sur la plus utile et la plus noble des professions, comme dans celui de moraliser les masses industrielles par les masses agricoles, je me suis fait, non frelon, mais abeille ; j'ai butiné partout, et j'ai mis tous mes soins à bien choisir

Si le miel te semble bon, veuille ne pas t'en faire faute, mais offres-en un peu à l'enfant que tu tiens à l'école ou dans les champs, et au voisin qui vient à la veillée, causer de pluie et de beau temps, ou de Pierre et de Paul.

A l'école, tu m'emploieras comme sujet de lecture courante, de dictée et de narration agricole ou morale, mais non d'étude par cœur : car je t'en préviens, je préfère à une page récitée cent pages comprises.

Dans les champs, tu feras toucher du regard le sol, l'amendement, l'engrais, le labour, la plante, la culture ou l'instrument que je t'aurai recommandés.

A la veillée, tu me liras, tu m'expliqueras, tu me commenteras, ou tu me critiqueras; on te répondra; tu répliqueras; des aperçus préférables aux miens te seront révélés; lasse de médire, la ménagère qui est curieuse, écoutera pour dire son mot; l'enfant peut-être voudra placer le sien; le domestique lui-même tendra l'oreille, et famille, voisins et serviteurs ruraux, se trouveront tout-à-coup former un petit comice, valant celui qui ne publie pas, qui se réunit, une fois l'année, pour les distributions de récompenses, et qui se repose après avoir, à grands frais, primé un monstre.

Voilà mes conditions.

Prends ou laisse.

Si tu laisses, j'aurai au moins le mérite et la consolation d'avoir été généreusement inspiré.

Si tu prends, j'aurai, immense résultat, inspiré le goût et donné une idée de l'agriculture proprement dite, et, en attendant la fructification de nos idées communes, je ferai de la viticulture, de la sylviculture, de la pisciculture, de l'arboriculture, de l'horticulture et de l'apiculture, ce que j'ai fait de la science du labour.

L'agriculture.

L'agriculture est l'art de cultiver la terre et de lui faire rendre, avec le moins de frais et de difficultés, le plus possible.

Nourrice des peuples, elle est la plus utile, la plus moralisatrice et la plus noble des sciences, qu'elle résume toutes, et qui, toutes, sont faites pour elle.

En déchirant le sol, elle met à nu la mine, la source, l'être devenu pierre ou métal, et la ruine qui éclaire l'histoire.

Créatrice du bocage, du guéret et des fleurs, elle inspire le poète et fait le paysagiste.

Trait-d'union entre nous et les plages lointaines, elle fournit la voile et le bois du navire qui fend, pour nos échanges, l'immensité des mers.

En élevant l'âme, elle suscite le citoyen heureux de rendre à César ce qui lui appartient, et les masses sensées en qui, à de certains moments, se personnifie la Providence, pour repousser le flot de l'anarchie.

Dans ses nobles travaux, entourée de lumière, d'air, d'ombrages, de cascades et de concerts, elle puise dans la contemplation de la nature le sentiment religieux et moral qui crée la seule fraternité possible.

Enfin, en purifiant l'air, elle allonge la vie.

Les moyens de l'art qui moralise ainsi, qui de tout fait tableau, qui nourrit l'homme, et qui façonne à son gré la nature, sont le travail, le capital et l'observation de la loi de Dieu.

En conséquence, écoutez-moi, instituteurs, enfants, propriétaires, fermiers, serviteurs ruraux, membres des comices, et citoyens désireux de vous retremper dans d'utiles loisirs: je vais vous dire ce qu'est, ce que doit être l'agriculture, les vertus qu'elle exige et les pures jouissances dont elle est à ce point la source que l'agriculteur parfait est l'homme dans toute sa dignité; écoutez-moi, vous dis-je : car au village, la fortune provient moins qu'à la ville d'un pacte avec la honte : car la vie plumitive qu'on va chercher dans la cité est une vie de douleurs et de déceptions : car les travaux industriels ne valent ni pour l'âme ni pour le corps ceux de la campagne : car la ferme où l'on est né et à laquelle on est fidèle porte bonheur : car enfin Dieu est plus connu et mieux aimé là où on le voit le plus se manifester.

Les sciences physiques, chimiques, naturelles et mathématiques.

Dans la terre, dans l'eau, dans le feu et dans l'air, elles te montrent le Tout-Puissant occupé à te faire des éléments, des associés dont tu ne peux te passer.

Elles te donnent des métaux, des matières combustibles ou textiles, des amendements, des engrais, des matériaux, de l'eau, du feu et de l'air.

Elles te font mesurer la chaleur et le froid.

Elles te révèlent les secrets de l'atmosphère.

Elles t'indiquent la pesanteur spécifique des liquides.

Elles te disent ou pourquoi ou comment vivent, s'accroissent et meurent les végétaux.

Elles te font distinguer l'être nuisible à tes récoltes de celui qui leur est favorable.

Elles aident à peupler tes cours d'eau.

Elles donnent un nom à chacun de tes sols, te faisant connaître celui qui convient le mieux, et te dirigeant dans les mélanges de terres.

Elles désinfectent les produits agricoles.

Elles t'apprennent l'hygiène de l'homme et du bétail.

Elles te rendent familière la mécanique qui soulève les fardeaux, bat la gerbe, laboure, herse, roule, sarcle, bine, extirpe, récolte, draine et irrigue.

Elles t'apprennent à poser la borne, à arpenter le champ, à toiser le bâtiment, à cuber le bois et le vaisseau, à dessiner les modèles, et à conduire les travaux de construction ou de perfectionnement.

Elles t'enseignent la tenue des livres qu'il te faut.

Elles te permettent de lire sous l'épiderme de ce globe.

En outre, si tu y joins une connaissance suffisante des règles du langage, tu leur dois de comprendre le premier livre d'agriculture venu, de semer à ton tour, par la publication, ce qui produit le plus, l'idée, et de faire ordonner, à l'image ou à l'avantage de la tienne, les cultures qui t'entourent.

Éléments d'existence et de croissance des végétaux.

Les végétaux sont pourvus de deux appareils d'absorption : les racines et les feuilles.

L'activité absorbante des racines, organisées pour l'absorption des liquides, est déterminée par la capillarité et l'endosmose.

Les feuilles absorbent les gaz.

Quand les minéraux, composant l'écorce solide du globe, ont exigé, pour leur formation, 56 corps simples différents, 6 éléments suffisent à l'activité végétale pour créer les innombrables matières qu'on trouve dans les plantes.

Ces éléments sont l'oxygène, l'hydrogène, le carbone, l'azote, le phosphore et le soufre, sur lesquels le cadre de ce travail me défend de m'étendre.

La lumière et la chaleur se combinent pour être les agents régulateurs de l'activité végétale.

La lumière est indispensable à la respiration des plantes par la décomposition de l'acide carbonique, à la concentration de la sève dans les feuilles, à la transpiration folliacée, etc., fonctions dont la chaleur règle l'intensité.

Le sol, le sous-sol et les amendements.

La géologie agricole te permettra de distinguer si ton sol est argileux, calcaire, marneux, siliceux, sableux, etc., s'il est composé de plusieurs de ces éléments, et si tes terres sont chaudes, froides, fortes, légères, etc.

Sachant cela, tu fumeras, laboureras, sèmeras et cultiveras en conséquence, et l'amendement, puissant et riche auxiliaire de l'engrais, étant un stimulant, tu corrigeras une terre par une autre.

Tout vient de la terre.

Dieu a dit à la terre de te donner en proportion de ton travail et de ton intelligence, et, en ce qui la concerne, il veut voir l'homme se montrer plus fort que la nature.

Le jardin te donne une idée de ce que le champ peut devenir.

A chaque sol sa culture, et l'agriculture est une science de localités.

L'hiver tardif est fatal au sol calcaire.

La terre siliceuse ne craint pas l'humidité.

Un peu de fer ne nuit pas dans la composition du sol arable.

Malheur au sol contenant exclusivement de l'argile, du calcaire ou de la silice !

Echauffe la terre froide et corrige celle qui est brûlante.

N'épierre pas sans songer aux conséquences de ton travail.

Les terres noires absorbent et les terres blanches repoussent la chaleur.

L'eau féconde ou stérilise le sol.

Le sol loge les végétaux, et avec l'aide et les soins de l'homme, il les nourrit et les développe.

Si le sous-sol n'est pas un amendement, ne le mêle pas trop au sol.

Pauvre sol que celui dont le sous-sol est couvert d'une eau stagnante.

Le sous-sol sans pente fait du sol un marais.

Fais jouer l'air dans le sol trop compacte.

La craie va bien avec l'argile, et l'argile avec le sable.

Sol d'où disparaissent le chardon et l'oseille sauvage, sol qui s'épuise.

Ravale dans le pré la taupinière et la fourmilière.

Les engrais étant des matières animales ou végétales, les amendements sont des stimulants.

Dire *amendement* et *engrais*, c'est dire *agriculture*, car tout est là, surtout si la dose a été bien calculée et bien appropriée.

La terre rend comme on lui donne.

Tant vaut l'homme, tant vaut la terre.

Là où abonde la terre, prends-la pour la mettre où elle manque.

Sers-toi de tous les décombres et de tous les plâtras que tu trouveras.

L'eau salutaire fera du sol stérile une terre fertile.

L'eau de pluie est la plus pure, la plus aérée, la plus potable, et par suite la plus salutaire.

La forêt assainira ou pourvoira d'humus la terre où tu l'auras plantée.

Donne du bois au sol en pente qui n'a pas assez de terre.

La craie est un calcaire que tu dois répandre et enfouir par un beau temps.

Les silicates, les calcaires et les cendres, bien appliqués, peuvent transformer la terre.

À haute dose, le sel marin stérilise.

La terre minée et remuée par la taupe et l'insecte
est la plus fertile du pré.

Le drain obvie à l'extrême humidité du sol ; il en
diminue la sécheresse pendant l'été ; il supprime l'eau
stagnante ou en facilite l'écoulement ; il tue la mauvaise herbe ; et surtout, avec la culture, l'amendement et la fumure intervenus après sa création, il
double ou triple la récolte.

Ici un sol profond, et là un sol superficiel.

A toute plante, un terrain ni trop meuble ni trop
serré, ni trop humide, ni trop sec, et, en un mot, un
sol sans excès.

La marne améliore les terres sèches et chaudes.

Les marnes argileuses conviennent aux terres calcaires.

Les marnes calcaires sont faites pour les terres
fortes et argileuses.

Analyse ou fais analyser ta marne, avant de t'en
servir.

La marne à laquelle tu adjoins une fumure n'enrichira pas le père, pour ruiner les enfants.

La marne agit peu dans les trois premières années,
et, après quinze ans, elle devient à-peu-près de nul
effet.

Le plâtre est capricieux, je t'en préviens : essaie-
le donc partout.

Dans les étés secs, il n'agit que la deuxième année.

Il fait merveille sur les terres calcaires, et là où
est la pierre à chaux.

Plâtre la luzerne, le trèfle, le sainfoin, les vesces,
les pois et les haricots ; mais ne plâtre pas les terres
humides.

N'enterre pas le plâtre avant les semailles.

Le plâtre, selon certains agronomes, donne aux
légumes une mauvaise qualité.

Le fourrage plâtré purge le bétail.

Sagement employée, la chaux doublera le produit de la terre argileuse et sablonneuse.

Pour l'année, elle te dispensera de fumer, et elle préparera merveilleusement l'avènement du trèfle et de la luzerne.

Ne chaule pas la terre calcaire.

La chaux ameublit le sol et le fournit de calcaire.

Elle aide à l'alimentation des végétaux.

Elle décompose les matières animales et végétales.

Elle convertit le fumier en terreau.

Elle neutralise la tourbe.

La chaux éteinte, de même que la marne, agit sur le fumier comme absorbant.

Dans les sols non calcaires, elle transforme les terres siliceuses ou albumino-siliceuses.

Un hectolitre de chaux vive pulvérulente, immédiatement mélangé à la terre par un hersage énergique, produira plus d'effet que trois hectolitres réduits à l'état pâteux par un long séjour dans le champ.

Emploie la chaux vive et à l'état pulvérulent, l'arrosant presque aussitôt, pour la faire fuser et pour la répandre immédiatement.

Fouillez la terre; un trésor est dedans, disait à ses fils un vieillard moribond.

Les engrais.

L'engrais est, pour la terre et la plante, ce que sont la nourriture pour le corps, l'étude ou l'instruction pour l'esprit, et la foi pour l'âme religieuse.

Le progrès agricole est presque tout entier dans l'augmentation de la masse des engrais et des amendements.

A dater du jour où il ne se perdra plus de fumier ni d'amendements, l'agriculture n'aura plus besoin d'être stimulée, et tout agriculteur sera agronome.

Sachant qu'en France la moitié des récoltes se perd par le défaut d'emploi de la moitié des engrais et des amendements, tu méditeras profondément, pour en tirer profit, les enseignements qui suivent :

Semer sans fumure est semer sa ruine.

Si tu te joues de la terre, en lui refusant l'engrais, la terre se jouera de toi.

Pas de ferme plus propre que celle où de tout on fait fumier.

Si tu n'as pas assez d'engrais, tu as trop de terres.

Ne cultive que ce que tu peux fumer.

Sème moins, et fume mieux.

A petit fumier, petit grenier, a dit Jacques Bujault, que je ferai souvent parler.

Avec du fumier, pas de mauvaises terres.

Le guano non falsifié, et surtout celui du Pérou, si son effet durait plus de deux ans, serait le roi des engrais.

Défie-toi des engrais du commerce, et ne les accepte que dans les cas où, certainement, ils ne seraient pas frelatés.

L'engrais humain, qui trop généralement se perd, est un des plus précieux.

La poudrette, qui en provient, convient aux prés et aux cultures.

L'engrais liquide a un grand avenir.

Le marc de colle est un excellent engrais qui ne brûle pas.

En Alsace, les plumes d'oiseaux sont employées comme engrais.

Le purin, judicieusement aménagé, est destiné à faire merveille.

La fiente des oiseaux de basse-cour est un engrais à ne pas négliger.

Le crotin et l'urine de mouton sont trois fois plus puissants que le fumier de ferme.

Emploie le noir animal partout où il produit de l'effet.

Le tourteau écarte l'insecte du champ.

Jette la cendre de tourbe sur la prairie.

Pour obtenir un excellent engrais liquide, coupe d'eau ton jus de fumier.

Ne laisse pas perdre l'eau où viennent de rouir le lin et le chanvre.

Ne donne à la terre qu'un engrais en fermentation ou près d'y entrer.

La terre brûlante dévore vite l'engrais.

Chaque récolte en a un qu'elle préfère à un autre.

Transporte le fumier, quand le sol peut supporter la voiture.

Excellent, l'engrais enfoui est, de tous, le moins coûteux.

Ce que tu laisses sur le champ lui rend une partie de ce qu'a pris la récolte.

Préfère, pour engrais vert, les plantes qui, avec peu de racines, ont beaucoup de feuilles.

L'engrais, le fumier, le foin et la paille que tu vends, sont des vols faits à ta terre.

Ne donne pas à la terre un engrais susceptible de communiquer un mauvais goût à la racine, à la plante ou au fruit.

L'action des engrais n'est nulle part plus grande que dans le champ drainé.

J'oubliais de te dire que la sueur du laboureur est le premier des engrais et des amendements.

A terre froide, fumier chaud.

Aux sols froids, compactes et argileux, les fumiers longs.

Aux terrains légers, secs et siliceux, et aux récoltes d'une végétation rapide et abondante, les fumiers courts, lourds, compacts et d'une décomposition avancée.

A la terre argileuse double fumage.

La machine à fumier est le bétail.

Le fumier fait la viande et le grain.

Une terre, pour être fertile, veut être fumée de longue main.

Point de fumier sans prairies.

Le fumier de cheval est, avec celui du mouton, le plus chaud des fumiers.

Celui des bêtes à cornes est le plus froid.

Celui de porc n'est ni mauvais ni excellent ; on l'améliore par des mélanges.

Comme deux terres, deux fumiers se corrigent l'un par l'autre.

Les matières ci-après concourent merveilleusement, sous le nom de *fumier*, d'*engrais* ou de *compost*, à féconder la terre :

La botte des chemins.

Les immondices de la rue.

Les balayures.

Les résidus de cuisine.

Les chiffons de drap.

Les chairs décomposées.

Les curures.

L'eau de lessive ou de savon.

Les eaux ammoniacales des fabriques de gaz.

Les résidus de distilleries, brasseries, féculeries et sucreries.

Le varech.

Le sang et le poisson desséchés, les pyrites et la suie.

Le marc de cidre mélangé de chaux.

Les plantes vertes ou sèches enfouies, comme le lupin-blanc, la vesce, le sarrazin, la navette, la spergule, la moutarde blanche ou noire, les roseaux de marais, etc.

Si tu veux beaucoup de fumier, nourris ton bétail à l'étable.

Ne laisse pas ton fumier baigner dans le purin.

Ne le laisse pas aller dans la mare, qu'il infecterait.

Mouille-le de purin, s'il se dessèche.

Ne l'expose pas trop au soleil.

Qu'il soit disposé de manière à imiter le mur en torchis.

Emploie-le, dès qu'il va perdre de sa qualité.

Ne le laisse pas trop longtemps en tas sur la terre.

Empêche, en les arrosant, les tas de fumier de prendre le blanc.

Employer le fumier sortant de l'étable, est l'exposer à porter au champ des graines susceptibles de salir la récolte.

Les égoûts des toits lavent les fumiers et dissolvent les sels y contenus.

N'enfouis pas le fumier le plus vieux sur le plus nouveau.

Pour lui donner de l'homogénéité par les arrosages et l'arroser avant toute perte ammoniacale, mets quelques jours en tas le fumier de porc.

Nétoie, chaque jour, l'écurie du cheval.

Enfouis les déjections du mouton, pour les empêcher de trop perdre à l'air.

Le bétail gras donne beaucoup de bon fumier.

Un kilogramme de plantes vertes, consommées à l'étable, donne son pesant de fumier.

Ne laisse pas trop ton bétail se vider dans les champs ou sur la route.

Tu le vois, les destinées alimentaires du monde sont dans le sable, l'argile, la marne, la chaux, le plâtre et l'ordure.

Les litières.

Plus ta bête fiente, plus il lui faut de litière.

Voici, à-peu-près dans leur ordre de qualité, les litières qui doivent servir de base à tes fumiers:

Colza,— vesces,— sarrazin,— fèves,—lentilles,— millet,—pois,—orge,— froment,—seigle,— maïs,— avoine,—feuilles sèches,—fourrages altérés,— fougère,—roseaux,—mousses et bruyères.

Selon certains agronomes, les terres sèches peuvent remplacer la litière de paille.

La préparation des terres.

La terre n'est pas ingrate: elle rend en plantes céréales, fourragères et légumineuses, les soins qu'elle a reçus.

Prépare la terre en priant le ciel de lui être propice: le travail et la prière attirent Dieu.

L'entreprise, l'éducation, la vie future, tout se prépare: prépare donc la terre.

Chose bien préparée sera chose bienfaite.

La terre est comme l'homme : il y a mille manières de la prendre.

Préparer la terre est labourer, piocher, bécher, sarcler, biner, défoncer, assainir, etc.; c'est, en même temps, permettre à la racine de la plante de se développer dans le sol rendu meuble et accessible à l'air.

Préparer la terre est aussi l'amender, la fumer, et la rendre accessible.

A chaque sol sa charrue.

L'agriculture est une science, et la charrue, un instrument de localités.

Telle machine fait ici merveille qui, ailleurs, ne sera bonne à rien.

A chaque sol son labour, ici profond, et là superficiel.

Une condition essentielle à obtenir du labour est un ameublement complet du sol.

La bêche, sous le rapport de la perfection des résultats, est la reine des instruments de labour ; mais son travail est lent et dispendieux.

La charrue étant donc ton principal instrument de travail, étudies-en à fond le mécanisme, les qualités et les défauts, et mieux tu la dirigeras, meilleur et plus prompt sera le labour.

Choisis, pour labourer, le temps le plus favorable, et remets à un autre moment le labour de la terre trop sèche ou trop humide.

Verse en haut, en labourant.

Le labour fait transversalement à un premier labour, prépare bien la terre.

Ton labour doit dépendre non-seulement de la composition du sol, mais encore de la fumure et de la plante à lui donner.

Attèle bien tes animaux.

Quand le temps et l'état de la terre permettent le labour, ne te repose pas : temps perdu, argent perdu.

En matière de labour, imagine, améliore : une amélioration en amène une autre, et, d'ordinaire, le progrès est au bout de l'effort.

Selon d'excellents agronomes, le labour à plat remplace, en bien des lieux, très-avantageusement, le labour en billon.

Tu n'as pas bien préparé tes terres, si au moment du labour, la pente excessive, les contours et les fondrières existent encore.

La charrue trace le sillon.

La herse brise le sillon, couvre la semence, unit la terre, et déracine la mauvaise herbe.

Quand la terre est trempée, ne herse pas.

Tu te trouveras bien de donner un hersage avant chaque labour.

Le rouleau brise la motte de terre qui a résisté à la herse, et, en les tassant, procure aux sols légers, plus de fraîcheur.

Compare, pour profiter de la comparaison, tes instruments de labour avec ceux que tu vois pour la première fois.

Au champ d'une consistance tenace, donne des cultures profondes et répétées.

Ramasse et brûle le chiendent des jachères.

Remonte les terres qui s'amoncellent en bas.

Empêche l'eau de raviner les terres et le chemin qui y conduit ou qui les borde.

Répare la partie, pour ne pas avoir plus tard, à réparer l'ensemble.

En hiver, tu prépareras la terre, si tu défriches le sol improductif, si tu épierres, si tu mines, si tu répares, où si tu fais nettoyer par les troupeaux les terres en versaines.

Le travail de la morte-saison abrège celui de l'été.

Le fossé dessèche la terre trop humide.

Perce, au besoin, dans la terre, des puits qui, à défaut du drain, puissent attirer l'eau pernicieuse.

Marner étant préparer, le dosage de la marne doit être proportionné au plus ou moins de hauteur de la couche arable.

L'écobuage sur les effets duquel les avis sont partagés, ne convient pas à la terre légère et sabloneuse.

Une terre inculte ne vaut pas mieux, au bout de 300 ans, qu'au bout de 3 ans.

Malheur à la terre à préparer qui n'entend par le champ du coq !

Comme l'œil, le bras du maître doit être partout où il y a une terre à préparer.

Écoute encore ! A la récolte, Dieu distribue des prix aux laboureurs qui ont senti que préparation et succès sont tout un.

Les semailles et les plantations.

Semer ou planter est donner à la terre un œuf pour en avoir un bœuf.

Les petits ruisseaux font les grandes rivières, et le grain que tu sèmes va concourir, dans ta patrie, à l'alimentation de millions d'hommes.

Semer le grain est semer la vie.

Plante, car planter est loger et caser chaque grain de telle manière qu'il ait beaucoup plus de chances de réussite que le grain semé à la volée.

Plante, car il faut à ton foyer une bûche pétillante, à tes troupeaux et à toi-même de l'ombre, à la vallée un abri contre le vent, au sol en pente un hallier qui en retienne les terres, à la lande un bois qui lui donne de l'humus, à la source une forêt qui l'alimente, et au sol nu une couche de terre capable d'absorber, comme une éponge, l'eau qui rend le torrent dévastateur.

Dès l'approche du moment des semailles, prépare tes semences en quantités plutôt supérieures qu'inférieures aux besoins prévus.

Assure-toi, s'il est possible, de la faculté germinative du grain.

N'espère pas trop de la mise en pratique du conseil d'imprégner la semence de certaine substance, afin de favoriser la croissance du germe.

N'espère pas trop non plus du soin que tu auras pris de faire tremper la semence avant de la répandre.

C'est le mélange dans la semence, de grains malades, qui rend les céréales malades.

Ensemencement opportun, ensemencement qui a chance de réussir.

Le chaulage et le suffatage des blés destinés à être semés sont à peu près indispensables.

Ne sème pas contre le vent.

Répands également la semence.

Prends l'attitude qui facilite le plus le jet de la semence.

Pour bien semer, vois comment fait le bon semeur.

Un semoir abrége le travail, et opère mieux que le bras.

Si tu le peux, plante à l'aide de la machine.

Le semis en lignes espace également la semence, il l'économise, et, en d'autres termes, il réduit de beaucoup ton avance à la terre.

Le semis en lignes te promet une récolte plus riche que le semis à la volée.

Quand le semis à la volée aura vécu, l'agriculture aura fait un grand pas, et une partie de la semaille, aura cessé d'être la proie de l'oiseau et de l'insecte.

Grain semé et laissé dans la boue est grain perdu.

Plus la semaille de blé est tardive, plus il faut de semence.

L'ergot se montrera partout où dominera l'habitude des semailles tardives.

Semé dans la terre froide, le blé sera tardif, en ce que la sève s'y mettra tard en mouvement.

Le blé de printemps est plus chanceux et moins productif que le blé d'automne.

N'oublie pas de quelle utilité il est que le labour de semailles ait été donné dans toute la profondeur de la couche arable.

Il faut à l'avoine semée dans les terres argileuses, un labour ancien donné avant les gelées.

On sème la lentille dans un sable léger.

Confie la carotte à une terre profonde, meuble, riche, et abondamment fumée pour la récolte qui la précède.

Le sorgho ne demande pas à être enterré bas.

Sème en vue de produits qui n'enlèvent pas trop au sol les principes fertilisans dont il est faiblement pourvu.

Dans la culture des plantes de la race du trèfle incarnat et du colza, par exemple, le succès de la germination de la graine dépend, le plus souvent, du jour précis de l'ensemencement.

En promettant de continuer ultérieurement d'indiquer les sols qui conviennent le mieux aux plantes les plus usuelles, prédisons de bonnes semailles au laboureur qui aura semé, pénétré de cette idée qu'avant tout, fermier de Dieu, c'est à Dieu qu'il a son premier compte à rendre.

Les cultures d'entretien.

Il y a quelque chose de plus utile à la plante alimentaire, que l'amendement, l'engrais et un temps favorable ; c'est la culture.

La campagne cultivée avec amour fait de l'agriculteur, non-seulement un riche pourvoyeur de denrées alimentaires, mais encore un peintre dont les tableaux valent d'autant mieux que tout y vit, et que Dieu est dans chaque détail.

Les végétaux visités par les abeilles sont ceux qui produisent le plus ; hé bien ! il en est de même des campagnes chéries du laboureur.

La plante est un enfant qui ne peut être perdu de vue, un seul instant.

Les plantes s'entretuant, et les plus mauvaises étouffant les meilleures, protège celles-ci contre les autres.

Comme les êtres, elles sont douées d'organes respiratoires qui ne peuvent se passer d'air ; donne-leur en

La pluie les rafraîchit ou les noie ; le soleil les réchauffe ou les brûle, et le froid les fait mourir : sois leur médecin.

Elles ont aussi des ennemis dont un bon entretien les sauve ou les débarrasse.

Le moyen souverain de bien entretenir la plante, est de la biner, c'est-à-dire de la sarcler.

Bine avec une houx assez tranchante pour couper les mauvaises herbes.

Sarcle, si tu le peux, avec la houe à cheval plus rapide et moins dispendieuse que le sarclage de la houe à main.

La terre se trouvant ameublie, tu peux buter, c'est-à-dire rechausser les plantes.

Plus tu sarcleras, plus tu récolteras.

Heureux l'agriculteur qui peut sarcler toutes ses récoltes !

Qu'est-ce qui rend le jardin si beau, et en même temps si productif, si ce n'est le sarclage quotidien qui vient après le travail à la bêche?

Envoie le troupeau là où la végétation du blé et du seigle te semble trop luxuriante.

Cesse, à temps, d'amener l'eau dans la prairie irriguée.

Entretiens le sillon d'écoulement.

Crée ou répare la rigole.

Ainsi prévenu, ne va pas oublier, d'ici à la récolte, que tu n'es créateur au second degré, qu'à la condition de ne pas perdre de vue, un seul instant, qu'en agriculture, on ne peut trop produire.

Travaux de récolte.

Le moment de la récolte est arrivé : réjouis-toi, si ton travail a été opiniâtre et éclairé, et attends-toi à des déceptions, si tu as pris trop de repos, et surtout, si tu n'as de connaissances que celles de tes aïeux.

Le travail et le savoir récoltent, et la routine se ruine en ruinant le champ.

Avant d'agir, interroge le temps ; passe en revue tes cultures, et ne prends la faux ou la faucille qu'au moment de pouvoir récolter le mieux avec le plus d'avantage.

Trop de précipitation, comme trop de retard, est une cause de perte.

Un instrument vaut mieux qu'un autre.

Un procédé rend riche ; un autre ruine.

Là où les bras fournissent un excessif et dispendieux travail, la machine récolte vite et à menus frais.

La machine est le bras de Dieu.

Elle est le miracle en matière de progrès.

Elle est aussi la providence : car elle remplace forces vives attirées du village dans les grands centres, par un effet de mirage qui transforme la cité en fortuné séjour.

Faux bien tranchante et bien conduite récolte bien.

Fauche, si tu le peux, très-près de terre : car le fourrage d'en-bas est le plus abondant et le meilleur.

Le faucheur, à l'hectare, se hâtant trop, fauche mal.

Fauche le pré, dès que les plantes qui y dominent sont en pleine fleur : car en faisant autrement, tu n'aurais à compter ni sur la quantité, ni sur la qualité du fourrage.

Les feuilles sont la meilleure partie du fourrage.

Préserve de l'action du soleil ou de la pluie le fourrage abattu.

Foin mouillé, foin plus ou moins avarié.

L'herbe qui est sur l'ondin telle qu'elle a été jetée par la faux, peut supporter huit jours de pluie.

L'herbe remuée ne doit pas rester éparse pendant la nuit.

Avant que la pluie survienne, relève en gros meulons, ou mieux, enlève ce qui est sec.

Mets en tas de 10 à 15 kilogrammes, ce qui est à demi-fané, et, dès le soleil, ouvre les tas, pour les reformer avant la nuit.

Laisse sur le pré le foin qui n'a pas jeté son feu.

Le foin, après la dessication nécessaire, jette son feu dans la meule.

Pour ne pas perdre un brin de foin, ne te lasse pas du coup de râteau.

Le foin bien récolté est vert ; son arôme est excellent ; ils est nourrissant et salubre, et le bétail le dévore.

La souris n'entre pas dans le foin bien tassé.

Comprimé, le foin est bon pendant plusieurs années.

Le regain qui n'a pas jeté son feu, peut incendier la ferme.

Fauchés, les pois, vesces, luzerne, etc., doivent rester deux jours sur l'ondin.

La spergule s'égrène beaucoup au fauchage.

Au moment de moissonner, bouche, dans le but d'éloigner la souris, tous les trous de ton grenier.

La faucille ne jonche pas le grain comme la faux.

Faucille coupant trop haut laisse trop de chaume sur le champ.

La sape est l'instrument par excellence pour démêler les moissons de céréales versées et roulées.

La glaneuse n'a rien à ramasser dans le champ moissonné par le sapeur.

L'épi trop secoué par l'instrument du moissonneur s'égrène.

En une heure, la machine dite *moissonneuse* gagne une journée de faucheur.

L'ouvrier peut mal faire ou connaître la paresse, la *moissonneuse* jamais.

Les blés versés craignent la faux qui ébranle le grain.

Le but du javelage est de compléter la maturité.

A la suite d'un javelage prolongé, le grain est trop souvent à la fois germé et avarié, et la paille noircie et rancie.

La javelle veut être étendue de manière à sécher vite.

Mets la javelle en moyettes qui défendent le grain contre la pluie.

La gerbe lourde fatigue le chargeur.

Fais tes liens de paille de seigle.

Tu peux, sans inconvénient, mettre la moissonneuse dont je viens de te parler, dans les champs de céréales, lorsque la tige conserve encore une teinte verdâtre, et que le grain s'écrase entre les doigts.

L'orge veut être mûre pour être moissonnée.

L'avoine qui n'a pas été javelée ne se bat pas bien, et donne un grain trop maigre et trop léger.

Le colza ne murit pas partout également.

Coupe le colza, à la faucille, dès qu'un tiers des siliques a blanchi, et que les semences, quoique déjà brunes, s'écrasent encore facilement sous le doigt.

Pour empêcher la chaleur de provoquer l'ouverture des siliques, ne coupe que le matin et le soir..

Le colza, entassé dans la grange, s'échauffe modérément et plus uniformément que s'il était emmeulé dans le champ.

La navette se récolte comme le colza.

La maturité du lin s'annonce par la teinte jaune que prennent ses feuilles.

Le pavot se récolte quand le quart des capsules est ouvert.

Récolte le chanvre avant que les pieds femelles soient défleuris, et que leurs tiges jaunissent.

Voulant de la graine, arrache les mâles qui sont mûrs six semaines avant les femelles, puis celles-ci, quand les graines brunissent.

Quand les feuilles du pastel prennent une teinte jaunâtre, il est temps de récolter.

Lorsque la gaude d'hiver est défleurie, sur toute la longueur de sa tige, et que le tiers inférieur est garni de graines, récolte, en arrachant par poignées.

Le rutabaga supporte mieux un arrachage tardif que le navet rond ou la rave du Limousin.

Il n'est pas de meilleur abri que la grange pour les récoltes, que l'étable pour le bétail, et que le hangar pour la voiture.

Malheur à toi si l'abri te manque pour tes récoltes; mais je ne te plaindrai pas, ton devoir étant de tout prévoir et de tout préparer.

Toute bonne récolte doit être rapportée, d'abord à Dieu, puis au travail intelligent qui ne connaît pas de difficultés.

Mon but, dans ces préceptes, étant simplement de te donner une idée et de t'inspirer le goût de l'agriculture, je ne t'en dirai pas davantage sur la récolte qui, comme ce qui précède et ce qui suivra, exigerait, pour être entièrement traitée, une encyclopédie immense. Au reste, un peu plus loin, je compléterai, le plus possible, ce qui, jusqu'ici, est resté inachevé.

Les cultures spéciales.

Un grand point pour toi est de savoir quelles cultures conviennent à la terre.

Fixé sur les cultures à donner à ton sol, tends toutes tes facultés vers les moyens de les rendre productives.

Avant tout, ordonne ta culture de telle sorte qu'elle n'entame ni ne supprime le pré.

Le pré est le bétail.

Le bétail est la ferme.

Achète ta semence, et surtout celle de blé, au poids plutôt qu'à l'hectolitre.

Grain ridé ou mal conformé, mauvaise semence de blé.

Semaille trop drue fait verser le blé.

Renouvelle ta semence.

Achète ta semence au nord ou en Afrique.

Garde-toi surtout de la prendre dans ta précédente récolte.

Bon grain que celui dont l'hectolitre pèse 80 kilogrammes répondant à 120 kilogrammes de paille.

Trop souvent ensemencer de blé ou d'autres plantes le sol auquel tu veux beaucoup demander, est le priver des phosphates, de la silice, et, en un mot, des principes fertilisants dont il ne peut se passer.

Semaille tardive, récolte chétive.

Sème le blé pour chaque espèce de terre.

Semant le blé là où vient d'être une prairie artificielle, tu feras double récolte.

Sache quand il faut semer le froment.

Ne sème pas de blé là où il faut du pré.

Le blé dont la semence aura été chaulée risquera peu de devenir malade.

Le froment veut une terre lisse, rassemblée et se tenant bien.

Les petites mottes ne lui font pas de mal.

Au blé, un sol un peu humide, c'est-à-dire compact et argileux.

Sol humide et compact rend un blé dur.

Sol léger, tendre et calcaire, rend un blé tendre.

Le blé détestant les sols noyés, rigole.

Le sol aimé de lui est celui où ses racines ne s'étendent pas trop horizontalement.

Un peu de calcaire dans le sol lui convient merveilleusement.

Il repousse le labour superficiel.

Convenablement fumé, il résiste aux intempéries.

Une fumure excessive ou une fumure trop récente lui convient peu.

Le sol fumé, dans l'année précédente, produit peu d'herbes qui lui soient nuisibles.

Blé tendre fait pain blanc et léger.

Blé dur fait pain frais, gris, lourd, nourrissant et durcissant lentement.

2 p. 0|0 de féveroles est une addition qui facilite si elle ne bonifie la panification.

Robuste, le blé barbu oppose ses barbes à l'oiseau.

Le bétail le mange difficilement.

Le blé de printemps est le moins riche en paille, en grain et en farine.

La forte paille empêche le blé de verser, mais n'est pas recherchée du bétail.

Epampre le blé risquant de verser ou de peu produire.

Blé peu serré verse peu.

La végétation parasite étouffe le blé.

N'attends pas pour échardonner, que le chardon soit mûr, et arrache, au lieu de couper.

En sarclant, songe que les sanves, les nielles, les ivraies et les moutardes sauvages se mêlent aux grains du blé.

Reherser et rouler sera multiplier épis et grains.

Qui moissonne tôt perd peu de grains, et obtient plus de poids.

Dans les années pluvieuses, le grain moissonné tôt est sujet à germer.

La gelée de la nuit soulève par degré tes semailles ; le jour, le sol se déprime, et les radicelles cassant, le blé mourra, si tu ne te hâtes de comprimer le sol, à l'aide du rouleau.

Ne conserve pas ton blé pendant plus de trois ans.

Les populations qui vivent de pain de froment sont, d'après un agronome, les plus belles, les plus robustes et les plus intelligentes.

L'épautre prospère dans le champ dont le blé ne veut pas.

Ne crains pas pour le seigle la terre pauvre et légère.

Pour semer, laisse la terre se rasseoir.

Sème en septembre.

Jette plus de semence sur la terre pauvre.

Trop profondément enterré, le seigle pourrit.

Fume, non la récolte à venir, mais celle qui doit la précéder.

Plus encore que le blé, le seigle a besoin d'être rigolé.

Une fois en javelle, il doit être rentré.

L'orge ne veut pas de la terre trop humide.

Le sol le plus ameubli est le sien.

Les terres à froment sont bonnes pour elle.

L'orge d'hiver est la plus productive.

Elle se sème dès la fin d'août.

L'orge de printemps se sème après les gelées.

Enterrée peu profondément, elle ne pourrit pas.

L'orge doit mûrir, dans les climats chauds, avant les chaleurs de l'été, et dans les autres climats, avant les froids d'automne.

Une récolte sarclée nétoie la terre qui la recevra.

Fumer en couverture est être sûr d'augmenter le rendement.

Elle se moissonne avant complète maturité.

A la fraîcheur, son épi ne se casse pas.

L'avoine n'est pas la plante des sols arides ou trop calcaires.

L'avoine commune de printemps est la moins rustique et la plus tendre.

Sème, en automne, l'avoine commune d'hiver.

Semée au printemps, l'avoine commune d'hiver donne un grain moins beau.

L'avoine craint les grands froids.

Les alternatives de gels et de dégels lui nuisent.

Enterre-la profondément, pour prévenir le déchaussement.

Entretiens-la à peu près comme le froment.

Le maïs aime le sol meuble et fumé.

Il demande un climat chaud.

Facilite les binages, en ne semant pas en lignes, avant la fin d'avril.

Bine et sarcle plusieurs fois.

L'épi commençant à se former, butte et retranche les tiges latérales.

Après la fécondation, retranche les épis mâles qui garnissent le sommet.

Les épis mâles sont un très-bon fourrage vert.

Les enveloppes des épis femelles sont un excellent fourrage et remplacent avantageusement la paille dans les paillasses.

Fais cuire, pour le bétail, concassés et macérés, les épis dépouillés de leurs graines.

La paille de maïs est, sèche, une excellente litière, et verte, un délicieux fourrage.

Sème, en mars, le sarrazin sur la terre meuble.

Ne fume pas beaucoup la terre qui lui est destinée.

Il se défend de lui-même contre les mauvaises herbes.

Les vents froids, la sécheresse, la gelée blanche, la chaleur excessive et la pluie prolongée lui nuisent.

Peu exigeant, il s'accommode des sols pauvres, proportionnant toutefois ses produits à la richesse du sol.

Arrache-le à la main, pour moins l'égréner.

Son grain ne redoute pas l'humidité.

2

Les vers blancs se retirent devant lui.

Semé le premier, là où est le colza de pépinière, il chasse le puceron.

Mangé sur place, il peut être funeste au mouton.

A l'état vert, il sert de fourrage ou d'engrais enfoui.

Concassé, il remplace, pour les chevaux, l'avoine, et pour les porcs ou la volaille, l'orge.

La pomme de terre aime peu les terres fortes.

Plante des tubercules moyens.

Récolte par un beau temps.

La culture de la pomme de terre détruit les mauvaises herbes.

Plus tu la soignes, plus elle est belle et abondante, et moins elle est sujette à être malade.

On ferait des volumes des écrits publiés sur la manière de la cultiver et de la préserver des maladies qui l'atteignent.

Le topinambour est plus nourrissant et plus rustique que la pomme de terre.

Il n'y a que des marécages qu'il ne s'accommode pas.

Il n'est ni épuisant ni sujet à la gelée.

Il défie l'hiver.

Ne coupe pas le topinambour à planter.

Les tiges sont un très-bon fourrage.

Chauffe ton four avec les tiges desséchées.

Lâche le porc dans la terre à débarrasser du topinambour.

La betterave nourrit le bétail et donne du sucre et de l'alcool.

Pure ou à l'état de pulpe de distillerie, elle est, pour le bétail, une excellente nourriture fraîche d'hiver.

Elle demande un terrain qui, meuble, fumé et profondément labouré, convienne au froment.

Espace convenablement les pieds.

Bine souvent.

Butte la betterave à sucre.

Eclaircis, mais n'effeuille pas le plan de betterave,

la racine en souffrant, et la feuille, si elle augmente la partie aqueuse du lait, ne renfermant aucun principe nutritif.

Procède par voie de sélection, dans tes essais de perfectionnement de la betterave que tu cultives.

La betterave récoltée craint la gelée.

La betterave *globe jaune* est très-saccharifère.

Peu estimée comme aliment, la betterave dite *disette*, se fait remarquer par son volume.

La carotte est la racine la plus aimée des animaux. Dire *carotte* est dire *santé du bétail.*

Les sols trop humides ou trop pierreux ne lui conviennent pas.

Dans un terrain fumé avec un engrais pailleux, elle risque de devenir fourchue.

Il faut à la rave un sol léger ou calcaire, sans être trop sec.

Elle réussit mal dans les argiles.

Elle résiste jusqu'à un certain point au froid.

Elle peut être la nourriture principale du bétail.

Le navet aime les sols granitiques.

Le choux-navet fait merveille dans le sol argileux, compacte et humide.

Sa racine et sa feuille plaisent aux animaux.

Le puceron s'en éloigne, dans le champ semé de sarrazin, quatre jours à l'avance.

Le chou-cavalier te sera de grande ressource.

La terre du chou n'est pas celle de la rave.

Tous les bestiaux aiment le panais.

La culture en grand, à cause de la nécessité de ramer, n'admet pas les espèces grimpantes de haricots.

L'igname entre plus avantageusement que la pomme de terre dans la confection du pain.

Les sols neufs, profonds et argileux sont les meilleurs pour les féveroles.

Quand les cosses d'en-bas se forment, écime ou étête les tiges, pour fortifier la plante et détruire les pucerons.

La féverole s'emploie comme fourrage.

Je termine cet entretien sans t'avoir dit, à cause
de la difficulté de tout mettre à sa place, en songeant
à tout, bien des choses que tu trouveras dans les
chapitres subséquents.

Les plantes fourragères.

Si à me suivre, tu ne crois pas avoir perdu ton
temps, suis-moi encore ; plus nous irons, plus la lumière se fera pour nous ; plus nous regretterons d'a-
voir si tard accordé à la terre la religieuse attention
qu'elle sollicite, et plus surtout nous gémirons de
voir le laboureur rougir, pour ses enfants, de la
profession qui le rend indépendant, qui lui permet
de compter sur des jours tranquilles, qui le place
au milieu d'une nature dont, après Dieu, il est le créateur, et qui l'a enrichi, sans lui ôter la paix de l'âme.

Point de fourrages sans prairies.

Point de bétail sans fourrages.

Point de ferme sans prés.

Qui fait des prés s'enrichit.

Qui n'en fait pas se ruine et ruine la terre.

En chaque tête de bétail entretenue par le pré s'é-
labore ce qu'en fait d'alimentation humaine, il y a
de meilleur et de plus fortifiant.

Si tu n'as pas la moitié, ou au moins le tiers de
tes terres en prairies, propriétaire, tu auras besoin
pour vivre, de vendre de temps en temps un champ,
et fermier, tu ne fumeras pas, tu récolteras peu, et
mis hors de la terre que tu auras ruinée, tu n'auras
plus qu'à aller t'abrutir dans les grands centres.

Avait-il ainsi procédé dans sa culture, le pauvre
fermier qui, devenu opulent, recevait naguère à Mâ-
con, une coupe d'or, et dans les bras duquel, devant
la multitude attendrie, se jetait la compagne de ses
travaux ?

La prairie artificielle améliore le sol et produit
plus que la prairie naturelle.

La terre éminemment calcaire est favorable à la
prairie artificielle.

Plus coûteuse que la prairie naturelle, la prairie artificielle aime peu le sol en pente.

En pays chaud, pas de prairie artificielle sans irrigation.

Convertis en prairie naturelle, le sol frais, humide, bas, irrigable, ou sujet aux inondations.

Au moment d'ensemencer pour le prairie naturelle, choisis les plantes qui, allant le mieux à ton terrain, fleurissent ensemble.

Connais bien les plantes qui doivent composer la prairie, afin de ne conserver que celles qui sont bonnes.

Telle plante est aimée d'une espèce de bétail, qui ne convient pas à une autre.

Les meilleures espèces de graminées sont celles dont la graine mûrit la première, et tombe avec le plus de facilité.

Sème le pré d'un mélange de graines formé selon la nature du sol.

Les graines devant principalement concourir à l'ensemencement du pré, sont le fromental, le ray-grass ordinaire, le dactyle pelotonné, la flouve odorante hâtive, la houque laineuse, le thynothy, la fétuque des prés, et certaines légumineuses des bonnes prairies.

Pour former des prés durables, multiplie les espèces de semences.

La terre se rafraîchit par la variété des productions.

Le pré nouveau non irrigable se sème dans une terre bien nettoyée et bien préparée par des fumures successives.

Forme des prés au moyen de gazons.

Donne de l'engrais à la prairie naturelle qui te semble le plus pouvoir s'en passer.

Une fumure appliquée et répandue à l'approche de l'hiver, doublera ton profit.

Répands sur le pré, des cendres, de la suie ou du guano.

Etends-y les déjections du bétail.

Les pieds du bétail nuisent au pré humide.

Rien n'appauvrit autant la terre du pré que le chiendent.

Fauche la plante nuisible avant la venue de la graine.

Déracine à la main ou à la bêche, la patience, la lèche et le jonc.

Romps le pré trop envahi par les mauvaises herbes.

Détruis le ver blanc qui ronge les racines des plantes.

Fais écouler les eaux du pré aigre et marécageux.

Arrose à de longs intervalles les prés humides et arides.

Craignant la gelée, n'irrigue pas.

Pour la gelée, mets à sec l'irrigation.

C'est, la nuit, par un temps couvert, que tu dois mettre l'eau sur la prairie.

Huit jours avant la fenaison, interromps l'irrigation.

Aussitôt après le coupe, arrose le pré artificiel avec des eaux chargées de substances fertilisantes.

Le foin qui est le fourrage de la prairie naturelle, ne suffisant pas, tu ne feras rien de bon, si tu te dispenses, comme tes pères, de lui adjoindre le fourrage de la prairie artificielle.

Le pré artificiel a fait pour toi autant que la machine.

Le trèfle redoute non le froid, mais les gelées et la sécheresse.

Son pays est le pays humide.

La bonne semence du trèfle est luisante et d'un jaune mêlé de bleu.

N'enfouis pas profondément la semence.

Fume en couverture le pré à conserver dix-huit mois.

La cendre et le pâturage, au printemps, conviennent au trèfle.

Fume-le de manière à l'empêcher de perdre ses feuilles.

La pluie le noircit quand il est abattu.

Plus tôt tu commenceras à le faucher, plus vite il recroîtra.

Attends, pour faucher la plante à donner en vert, qu'elle commence à former ses boutons à fleurs.

Non judicieusement administré, le trèfle peut donner le vertige au cheval.

Il météorise l'animal qui en mange trop.

Le trèfle doit reparaître quatre ans après avoir été rompu.

Le trèfle blanc est bon pour les terres humides.

Il fait un mauvais fourrage sec.

Sa graine ne vaut qu'un an.

Toute terre est bonne au trèfle incarnat.

Plâtré, il devient magnifique.

Il meurt, si l'eau couvre le champ pendant 5 ou 6 jours.

Mauvais fourrage sec, il est un bon fourrage vert.

Sec, il ôte, et vert, il donne le lait aux vaches.

Rentré trop tôt, il peut mettre le feu.

Il ne fait point enfler le bétail.

Il est une nourriture trop substantielle pour l'animal qui, en recevant à discrétion, choisit de préférence les épis défleuris.

La luzerne à laquelle la chaleur est nécessaire, aime, pendant l'été, une humidité chaude.

Elle ne veut ni des argiles compactes, ni des terres sans profondeur.

Un sol couvert de silex mêlés de terre lui convient.

Toute terre qui a du fond, et où l'eau ne tient pas en hiver, lui est propre.

Elle demande à être précédée d'un nettoyage.

Sème-la, une moitié en long, et l'autre en travers.

Dans le midi, elle doit croître seule, ou mélangée, soit de vesce blanche, soit de lupin.

Dans le nord, elle vient bien avec une céréale, et surtout avec l'orge ou la minette.

La première année, un plâtrage convient à la luzerne pâturée par les moutons.

La luzerne, dans le sol calcaire, veut, tous les ans, un demi-plâtrage.

Par un sarclage à la houe, préserve-la des mauvaises herbes.

Tu perds la luzernière, en laissant, pendant la première année, la semence mûrir.

Eloignes-en la cuscute.

Ne lui donne pas de fumiers récents.

L'irrigation ne dispense pas de fumer.

Coupe au moment de la floraison.

Récolte la dernière coupe avant la fleur.

Romps après 4, 8 ou 12 ans, selon la richesse du sol.

Ne resème que 12 années après avoir rompu.

La luzerne météorise le bétail, mais moins que le trèfle.

Distingue la vieille semence de la nouvelle.

La luzerne dorée ou lupuline aime les sols légers, calcaires et siliceux.

Elle se développe sur les terrains secs où le trèfle vient mal.

Tu pourras la plâtrer.

Elle est, non le plus abondant, mais le meilleur fourrage.

La minette croît dans tous les sols.

Elle préfère les terres du nord à celles du midi.

Pâturée, elle produit plus que convertie en foin.

Elle ne météorise pas le bétail.

Où le trèfle vient mal, le sainfoin réussit.

Il est la plante qui améliore le mieux le sol maigre et épuisé.

Nulle graminée ne prépare mieux l'avènement du froment.

Le plâtrage et le cendrage lui conviennent.

La première année, coupe-le une fois.

La deuxième année, coupe-le une ou deux fois.

La troisième année, emploie-le comme pâturage.

Romps ensuite la prairie qui s'use et qu'envahit la mauvaise herbe.

Tu peux, trois ans après avoir rompu, resemer le champ.

Après le sainfoin, sème du blé.

Le sainfoin est le fourrage par excellence des pays secs et des terrains pauvres et calcaires.

Il ne météorise pas le bétail.

Tous les climats et terrains de la France conviennent au ray-grass.

Il vient bien sur les terres humides.

L'engrais liquide lui convient.

Il constitue un pâturage excellent qui dure de 6 à 8 ans.

Il croit sous la dent du bétail.

Comme foin, il est un fourrage médiocre.

Le ray-grass d'Italie est bon dans les terres noires, humides, et arrosables, en été.

La tige de la garance fauchée en fleur est un excellent fourrage.

Tous les terrains et climats de la France conviennent au millet de Hongrie.

Fumé, il égale en rendement la prairie naturelle.

Vert ou sec, il est un excellent fourrage.

La spergule ne se cultive que dans les sables, soit purs, soit argileux sans calcaire.

Elle aime un climat humide et une terre fraîche.

Elle perd, par la dessication, à être fauchée trop tôt.

Elle est le foin du pauvre.

Elle est un excellent fourrage vert ou sec pour la vache à lait.

La vesce est peu productive, mais récoltée avant maturité de la graine, elle améliore le sol.

Coupe, au moment de la fleur, la plante à employer comme fourrage vert.

Attends, pour fumer, que les cosses soient formées.

La vesce se rentre sèche.

Les pois gris sont peu productifs, mais récoltés avant maturité de la graine, ils améliorent le sol.

Comme fourrage, ils sont meilleurs, mais plus coûteux que la vesce.

Les lentilles sont peu productives, mais récoltées avant maturité de la graine, elles améliorent le sol.

2*

Elles réussissent particulièrement dans le midi.

Il en est de même de la gesse.

La gesse chiche est un fourrage qui se sème dans le centre et le nord de la France.

Elle peut causer de graves inflammations au cheval.

Elle est un excellent fourrage pour les moutons.

Le lupin réussit particulièrement dans le midi.

La chicorée pour fourrage affectionne les terres qui, de consistance moyenne, sont préparées par deux labours profonds.

La grande chicorée aime le sol humide et frais.

La chicorée sauvage est un fourrage vert très-sain pour les moutons.

Cultivée en grand, l'ortie qui repousse au bout de trois semaines, est non-seulement une plante légumineuse, fourragère, textile et médicinale, mais encore un engrais vert.

On la coupe avec un autre fourrage, pour l'offrir au bétail.

Mauvais fourrage sec, la pimprenelle dure au moins quatre ans.

Elle pousse, l'hiver, et ne gèle pas.

Elle veut une terre à sainfoin, et se sème comme celui-ci.

Les choux, comme les colzas et les navettes, sont un fourrage excellent.

Un climat humide et une terre argileuse, profonde, fraîche et bien remuée leur conviennent.

La moutarde blanche est un excellent fourrage pour les vaches.

Le sorgho est un fourrage qui est encore à l'étude.

Si tu veux procurer au bétail une bonne nourriture verte, pendant une bonne partie de la mauvaise saison, mets, après une moisson tardive, la charrue dans le chaume.

Passe souvent en revue tes plantes fourragères.

La différence de valeur entre tes divers fourrages sera pour toi très-importante à établir.

Ainsi édifié sur les ressources qui sont à ta disposition, tu ne seras plus sourd à la voix du progrès

te répétant sans cesse, qu'à défaut de la prairie naturelle, le pré artificiel nourrira le bétail qui doit fumer tout ton domaine, et rendra sa fécondité à la
terre apauvrie par des cultures épuisantes.

La prairie artificielle.

Je croyais t'en avoir assez dit de la nécessité de
moins semer de blé pour faire plus de pré ; mais un
fait grave vient me forcer à être plus explicite et
plus pressant.

Je vois une contrée que l'élève du bétail pourra
seul enrichir, venir à grands frais, depuis deux ans,
enlever les fourrages de la plaine.

C'est que le foin a été clair dans les prés naturels
de cette zône où le petit laboureur épuise le sol par
la culture incessante et exclusive des céréales et du
maïs.

Le laboureur désire récolter ; c'est bien ; mais sa
terre s'apauvrit ; il perd de vue qu'un bétail bien
nourri doit fournir la fumure indispensable au sol
cultivé sans relâche, et, à vouloir trop de farineux,
il se condamne, quand le pré naturel présente un
déficit, à recourir à de ruineux achats de fourrages.

En procédant ainsi, il ne peut aller loin, et bien
des déceptions l'attendent, s'il ne demande tout aussitôt à la prairie artificielle, une garantie contre le
retour de ce qui se passe.

La prairie artificielle est la providence du laboureur.

Elle empéche le bétail d'être exposé à une dimi-
nution de sa ration d'entretien.

Elle remplit le grenier qui, sans elle, serait à moitié vide.

Elle varie la nourriture des animaux.

Elle favorise la stabulation à laquelle on doit tant
de fumier et de purin.

Elle dispense la ménagère et ses enfants de perdre
un temps précieux à tondre le fossé et à couper l'herbe
de la forêt.

Elle prépare les populations rurales rendues judicieuses par ses bienfaits, à supprimer d'elles-mêmes, petit-à-petit, le parcours et la vaine pâture.

Bien mieux, elle repose le sol fatigué qu'épuiserait un trop fréquent retour des récoltes qui lui enlèvent le plus ses sucs fertilisants.

Maintenant, de quelle graine semer le pré artificiel?

C'est ce que te diront les sols, la configuration du terrain, les expositions, les climats, ce que tu as lu plus haut, et des expériences bien conduites.

J'ai dit, et par malheur, je prêche à peu près dans le désert, en ce que la routine ne lit pas ou ne lit que pour nier.

Les comices eux-mêmes ne seront pas écoutés du petit laboureur qui ne les voit que le jour du concours, et leur enseignement lui profitera alors seulement que sous ses auspices on aura vu s'organiser dans chaque commune, des commissions chargées de l'expliquer et de le répandre.

Le progrès agricole ne peut rien sans une ardente propagande favorisée par le pouvoir, et appuyée d'exemples, et la routine est une ennemie qu'il faut prendre à la gorge, et ne lâcher que quand elle s'est rendue.

Que dis-je? La prédication, l'exemple et une aide généreuse sont pour le petit laboureur ce que les soins du travailleur sont pour la terre, et un enseignement théorique et pratique agricole s'étendant sans cesse de l'enfance des deux sexes à l'âge mûr, est au villageois peu avancé ce qu'est le drainage au pré marécageux.

En vérité, si dans les concours, les grosses récompenses doivent continuer d'être le lot des gros laboureurs, on doit entrer avec le petit cultivateur, en une communion d'exemples, de conseils et de bons offices si continuelle, qu'elle change tout aussitôt la routine en esprit d'observation, le désordre en ordre, la paresse en amour du travail, les mauvais penchants en bons penchants, et qu'elle quadruple ainsi les forces matérielles et morales des masses agricoles.

L'irrigation.

Désirant t'assurer de ce qu'est et de ce que peut l'irrigation, voit, pour le riz, les rizières de l'Italie.

Vois, dans les pays chauds, de quel effet elle est sur certaines plantes.

Vois, pour les plantes fourragères, la partie accidentée des Vosges qu'elle a transformée.

Ayant vu, examine, et, revenu dans ton pays, prépare toi à des applications, par l'étude approfondie d'un bon traité sur la matière.

L'eau fait l'herbe, ou du moins elle aide puissamment à la faire.

L'agriculture laissera bien peu à désirer, alors que le dernier filet d'eau aura été dirigé sur la terre à son profit.

L'eau communique à la plante l'humidité qui lui convient.

Elle sert de véhicule pour transporter dans toutes les parties du végétal le suc nourricier que les racines de celui-ci trouvent dans le sol.

Elle dissout les engrais, et les rend assimilables à la plante.

Elle se décompose elle-même pour servir à la nourriture des végétaux.

Les plantes herbacées sont avides de ce précieux liquide.

Quoi qu'en disent certains agronomes, l'engrais n'est pas toujours la condition indispensable du succès des arrosages,

L'eau, dans tel sol, a, et, dans tel autre sol, n'a pas besoin du concours de l'engrais.

Elle charrie souvent la dose de fumure réclamée par le champ.

Trop peu d'eau rend cependant l'engrais indispensable.

Dans le sol arrosé, l'action simultanée de l'humidité et de la chaleur provoque une grande consommation d'engrais.

L'action fertilisante de l'eau qui coule à la surface

du sol gazonné, y dépose toutes les parties nutritives qu'elle tient en suspension.

La composition chimique de l'eau exerce une grande influence sur les plantes.

On voit des eaux limpides arroser, sans addition d'engrais, des prairies dont le produit égale celui des terres les plus riches.

Le gazon opère sur l'eau comme un véritable laboratoire.

Il s'approprie une grande partie des gaz, des matières salines et des carbonates que l'eau tient en dissolution.

Toutefois, sans engrais comme stimulant, les arrosages doivent être très-abondants.

Les plantes parasites ne co-existent avec les plantes fourragères que sous un arrosage négligé ou mal conduit.

L'eau qui s'infiltre dans le sol doit s'écouler aussitôt après y avoir exercé son action fertilisante, d'où ce principe que toute eau qui circule est féconde.

Le terrain sablonneux est celui qui convient le mieux à la formation des prairies arrosées.

Le contraire a lieu pour les sols trop compactes.

La cause en est que leur surface dure est peu pénétrable à l'air et à la chaleur.

L'arrosage du terrain compacte doit être, pour ce motif, moins abondant et moins prolongé que celui du sol dont la base est le sable.

Une eau favorable à un terrain peut être nuisible à un autre terrain.

Une bonne eau est celle de la rivière ou du ruisseau ayant traversé des terres cultivées.

Plus une rivière est poissonneuse, plus l'eau en est fertilisante.

La présence sur une rive ou près d'une source, d'une herbe vigoureuse, est un signe de bonté de l'eau.

L'eau de marais et celle du ruisseau qui a traversé une forêt de chênes, ne valent rien.

L'eau de rivière se fertilise en courant sur un sol argileux ou calcaire.

L'eau venant de traverser un sol sableux va bien à la prairie à sol compacte.

Employée sur un sol calcaire, l'eau chargée de sulfate de fer est de bon effet.

Le contraire aura lieu sur un terrain ordinaire.

Les arrosages ont lieu en automne, au printemps et à la fenaison.

On prend pour base de de la durée de l'arrosage, d'abord la nature du sol, puis des expériences soigneusement conduites.

L'irrigation de printemps commence quand les trop fortes gelées ne sont plus à craindre.

Elle doit être de moins longue durée que celle d'automne.

La prairie veut être mise à sec avant le soir qui précède une gelée blanche.

On diminue les arrosages au fur et à mesure que l'herbe grandit et que la température devient plus chaude.

On arrête l'irrigation quelques jours avant la fenaison.

Quand l'herbe jette ses prrmières pousses, on arrose avec prudence.

Pendant les fortes chaleurs, on n'arrose pas de jour.

On n'arrose d'eau trouble ni au printemps ni en été, à cause des matières salissantes et nuisibles tenues par l'eau en suspension.

L'effet de l'eau sur les prairies submersibles n'est pas aussi fécondant que sur les prairies arrosées par déversement.

Pour un même sol, les prairies submersibles exigent beaucoup moins d'eau que celles qui sont disposées en ados.

La quantité d'eau nécessaire à l'arrosage dépend du sol, du climat et de la nature de l'établissement de la prairie.

La quantité d'eau suffisante pour un terrain argileux peu perméable ne le sera plus pour un sol sablonneux.

La même inégalité se présentera pour des pays dont la température moyenne sera différente.

Il est nécessaire, pour conserver la prairie en bon état, de ne pas négliger le curage des rigoles d'égouttement, le maintien de l'horizontalité et le nettoyage des rigoles de déversement, le nettoyage des rigoles d'alimentation et de distribution, et la conservation des ouvrages d'art.

L'eau, t'ai-je dit, fait l'herbe : j'ajouterai qu'elle fait le sol par la fraicheur qu'elle lui procure, par le limon qu'elle lui apporte, et par l'action chimique qu'elle y exerce et y subit.

Irrigue donc, et ainsi, transforme le sol marécageux, le terrain caillouteux et la pente aride.

Les plantes industrielles.

N'ai-je pas eu raison, en commençant, de te faire entendre que l'agriculture offre sans cesse à qui l'étudie et la pratique, d'admirables et de nouveaux points de vue ?

En effet, tu croyais simplement nourrir celui qui se croit dispensé par sa fortune et par sa position, de tout travail agricole, et voici que tu vas préparer les éléments dont ne peuvent se passer les professions industrielles.

Les métiers et les arts forment une chaine dont tu forges les anneaux.

Généralement, la plante industrielle épuise la terre.

Elle ne fournit pas de litière pour le bétail.

Toutefois, ses résidus le nourrissent et servent d'engrais.

Au reste, ses inconvénients ne doivent pas te faire oublier que, bien cultivée, elle l'enrichit.

Le colza d'hiver aime les climats humides et brumeux.

Les sols imperméables et légers sont les seuls qui lui conviennent.

Il craint les gels et les dégels.

Facile à cultiver, le colza rend beaucoup.

Je t'ai dit la manière d'en éloigner le puceron.

Les meilleurs plans sont branchus, forts du collet, et ont, avec une hauteur proportionnée à leur force, une racine sans bifurcation.

Les tourteaux de colza sont à la fois un bon engrais, et une bonne nourriture pour le bétail.

Le navette, sœur du colza, s'accommode des climats secs et des terres légères.

Elle ne craint pas l'insecte qui ravage le colza.

Le pavot aime les terres légères.

Il vient bien à la suite d'une culture de pommes de terre.

Le chanvre a besoin du climat doux et humide.

Il lui faut un sol riche et une terre ameublie qui ne soit ni légère ni compacte.

Semer clair et vouloir une plante vigoureuse.

Les tourteaux de chenevis sont un engrais, et nourrissent le bétail.

Le lin ne vient nulle part mieux que dans la bonne terre.

La garance aime les terres légères.

Elle s'accommode de tous les climats.

Son principe rouge ne se développe bien que dans les terres calcaires.

On la rompt dans un intervalle de 18 à 36 mois.

La cardère ou chardon à foulon est une plante bisannuelle.

Elle exige une terre forte, profonde et modérément riche.

Elle veut une fumure appliquée à la récolte qui la précède.

Lr culture du sorgho à balais n'est pas épuisante.

Le sorgho à sucre donne dans les contrées méridionales, du sucre et de l'alcool.

L'agriculture, je te l'ai déjà dit, l'expérimente.'

L'asphodèle faisant à peine son entrée dans le monde agricole, attendons ou essayons : l'expérience est, en tout, la grande maitresse.

La menthe aime les terrains, profonds, légers, frais, et même un peu marécageux.

Elle pousse dans la vallée comme sur le côteau.

La gaude ou reseda luteola fournit à la teinture un jaune très-pur et d'une grande solidité.

Elle demande un sol bien préparé et riche en vieille force.

Plante tinctoriale, le pastel s'accommode de tous les terrains légers ou tenaces. mais riches ou profonds.

Il doit venir après la pomme de terre parfaitement fumée.

Les lieux de plantation autorisée du tabac sont les écoles de culture de cette plante.

Le houblon veut un sol profond, riche, sain, et de nature argilo-siliceuse.

Le safran demande un champ dont la terre ait été préparée par des labours profonds.

Pour prévenir l'égrènement, mets la faucille dans le champ de moutarde, alors que les tiges sont encore vertes.

Espérons voir la société d'acclimatation augmenter le nombre des plantes industrielles dont s'accommodent le mieux les deux climats de la France et de l'Algérie.

Les maladies et ennemis des plantes en végétation.

Comme les êtres, les plantes tombent malades ; connaissant l'affection qui les menace ou les frappe, préviens le mal, attaque-le, détruis-le.

Pour te rendre capable d'administrer à la plante, le traitement qui lui convient, observe-la.

La plante a des ennemis ; recherche-les, et ne leur fais pas grâce.

Elle te rendra en produit plus qu'elle ne t'aura coûté en protection.

Il y a une société protectrice des animaux ; il devrait y en avoir une des végétaux.

En effet, que de plantes meurent de maladie ou de mauvais traitements.

Les maladies atmosphériques des céréales sont produites par les gelées, le hâle du printemps, les

pluies, au moment de la floraison, la chaleur excessive, le brusque passage d'une tempèrature à une autre, etc.

N'attribue pas à la fumée de la locomotive, les
maladies des plantes.

De graves affections sont engendrées par les lima-
çons, les vers de terre, les vers blancs, les chenilles
et une multitude d'insectes que détruisent différentes
espèces d'oiseaux que tu fusilles ou prends au piége.

L'oiseau étant l'ennemi de l'insecte, tirer sur lui
sera tirer sur un échenilleur.

Le hibou fait l'office de plusieurs chats.

Le moineau lui-même dont, naguère, l'Anglais
mettait la tête à prix, est, sous un rapport, un bon
garde champêtre : car il dévore le hanneton.

Les plantes parasites affligent les céréales de maladies qui sont la rouille, l'ergot, le charbon et la
carie.

Pour la rouille, chaule ou sale le champ.

Le soufre agit efficacement contre elle.

Les plantes qui en ont été saupoudrées ont une végétation plus active que les autres.

Sépare du seigle et du blé l'ergot qui, mêlé au
pain, peut donner la mort.

La carie des céréales est due à des vers ou anguil-
lules.

Préviens, je te l'ai déjà dit, le charbon ou la carie, en chaulant ou sulfatant la semence.

Active la végétation du colza menacé de l'altise
bleue.

Crains, pour le colza, le pigeon ramier qui en
mange la moëlle.

Isole par tranchées la luzerne attaquée par le cham-
pignon souterrain dit *risoctone*.

Ne fume pas le trèfle, la luzerne et le chanvre
avec des fumiers de fourrages que la cuscute a in-
fectés.

Bien employé, le sulfate de fer anéantit la cuscute.

Brûle, par un temps sec, de la paille sur les places
qu'elle a infectées.

Coupe à bas de terre l'orobanche qui vit aux dépens du trèfle et du chanvre.

Préserve ta récolte contre la nielle.

Sème dru, pour y maintenir l'humidité, le trèfle tenu bas et chétif par un été brûlant.

L'esprit d'observation du praticien éclairé a plus fait que la science contre la maladie de la pomme de terre.

De la mi-juin à la mi-juillet, as-tu remarqué, vers le soir, une très-petite mouche jaune qui traverse les airs en compagnie de tourbillons de moucherons ? C'est la cécidomye du froment.

Ce terrible ennemi est venu, d'Angleterre et d'Amérique, réduire nos récoltes, de deux à trois dixièmes

Mais rassure-toi ; la Providence a suscité contre lui un parasite introduisant, pour y déposer ses œufs, la tarrière dont il est armé, entre les balles où sont ceux de la cécidomye.

Dans l'intérieur des silos hermétiquement fermés, et dans toute autre espèce de capacité close, cinq grammes de sulfure de carbone par hectolitre d'une céréale quelconque détruisent en peu d'heures l'insecte nuisible, ses œufs et sa larve.

Chaule dans l'aire par un beau temps.

Verse la chaux presque bouillante avec un poëlon, pendant qu'on remue avec la pelle.

En vérité, je t'effraie de plus en plus par le dénombrement des soins qui font le bon laboureur; mais on n'a rien pour rien, et tout métier, pour être bien fait, exige une incessante activité.

Les assolements.

Chaque sol a son lempérament qu'il t'importe de connaître, dans le but de savoir quelle culture lui offrir.

Comme l'homme, le sol doit étret étudié.

Comme l'homme, il vaut en proportion de la manière dont on le traite.

La récolte vit aux dépens du sol qui la produit.

Terre qui s'épuise cesse d'être généreuse.

Epuiser la terre est éventrer la poule qui te pond des œufs d'or.

Comme chaque travail, chaque plante a son moment.

La terre a des caprices; elle veut changer de plantes.

La jachère pure est une terre laissée en repos.

Assoler est alterner les cultures dans le but, moins d'épargner à la terre la fatigue qui l'épuise, que de lui procurer le changement qu'elle aime.

Sauf exception, tu assoleras ainsi :

1re année, blé d'hiver.

2e année, céréale de printemps.

3e année, jachère à plantes sarclées.

La moitié du domaine, je te l'ai dit, doit être consacrée à la nourriture des animaux.

Delà l'assolement alterne dont un exemple te donnera une idée :

10 hectares de betterave, de pomme de terre, de carotte, de choux-navet, de féverole, etc.

10 hectares d'une céréale de printemps.

10 hectares de pois, de vesce et de trèfle.

10 hectares de blé d'hiver.

C'est pour avoir méconnu ce principe qu'on se ruine à cultiver sa terre, et que le fermier se ruine sur le domaine qu'il a reçu à bail.

Les plantes industrielles ont place dans l'assolement alterne, à la condition de venir avec un engrais du dehors, de remplacer, soit une racine sarclée, soit une prairie artificielle, ou de se faire une place entre celle-ci et la céréale.

L'alternance est une loi de nature dont il est difficile de s'écarter sans péril.

Qui dit *alternance* dit nécessairement *variété*.

Aucune fumure ne saurait rendre à la terre épuisée par un genre de culture, sa fécondité à l'égard de la même plante.

Sache toujours quelle plante doit succéder à une autre.

Dispose ton assolement en vue d'une année de sécheresse.

Ce n'est pas tout de fumer, il faut alterner.

Alterner est, par exemple, mettre la terre de labour en prairie, puis, après un certain temps, la prairie en terre de labour.

Si le jardin, à plus forte raison le champ, a besoin de culture alternées.

Il y a des plantes qui servent d'engrais, en se favorisant par la manière dont elles se succèdent.

En principe, intercale la récolte qui épuise avec celle qui améliore.

Ne cultive pas deux céréales de suite.

Fais revenir assez souvent la culture sarclée qui purge le sol des mauvaises herbes.

Dans le même but, applique le fumier à la récolte sarclée.

Ne fais pas revenir trop souvent la culture du trèfle, du sainfoin et de la luzerne.

La carotte se succède bien à elle-même.

Il n'en est pas de même des pois.

La jachère pure n'a guère de raison d'être que dans les fortes terres qui, impropres à la culture sarclée, se salissent trop de mauvaises herbes.

Elle se remplace, ou par la culture sarclée, ou par la prairie naturelle, l'une devant attendre l'autre.

On appelle routinier celui qui ne procède pas d'après cet ensemble de données.

Le routinier est l'ignorant, le maladroit, l'avare, le paresseux ou le débauché.

La tourbière.

J'ai vu le laboureur maugréer contre Dieu de ce que la tourbe abondait plus que la terre, dans son domaine, puis, 40 ans plus tard, quand la forêt s'est trouvée à la fois réduite et éclaircie, j'ai vu venir l'action de grâce, ce qui me fait, par exemple, songer que le Tout-Puissant, quand il pouvait sembler

blâmable de supprimer partie des êtres antérieurs
à l'homme, préparait au contraire les matériaux, les
instruments et les amendements dont celui-ci devait
avoir besoin.

Cela su, ne trouvons plus mauvais que Dieu ait
mis le mal à côté du bien, la faiblesse à côté de la
force, et l'atôme à côté de la masse ; puis, revenons
à la tourbière.

La tourbe est produite par le ligneux des végétaux
aquatiques dont la décomposition est modifiée par
l'eau.

La tourbe compacte noire forme le fond de la
tourbière et est la plus riche en calorique.

Une tourbe grossière et moins compacte lui est su-
perposée, dont l'action calorifique est moindre.

La tourbe fibreuse formée de végétaux peu décomposés occupe la surface de la tourbière, immédiatement au-dessous de la végétation tourbiforme
appelée *découverte*, et est peu riche en calorique.

La tourbe se forme par l'accumulation des végétaux ligneux dont la fermentation et la décomposition sont retardées ou modifiées par l'alumine et
l'eau.

Les plantes qui la composent sont, outre le bois,
les sphaignes, les carex et les linaigrettes.

Le rendement de la tourbière est de beaucoup supérieur au produit calorifique des meilleures forêts.

Les plus importantes tourbières se trouvant per-
chées haut, sous des climats rigoureux, les exploiter
vaut mieux que les mettre en culture.

Quels que soient l'attitude et le climat de la tourbière que tu voudras cultiver, prends bien des précautions.

Etablis ta culture sur la couche de terre noire
placée sous la tourbe.

Dans le but de dessécher la couche supérieure,
creuse de nombreux et profonds fossés d'écoulement.

La surface du sol ayant un peu perdu de son humidité, coupe, en automne, à la profondeur d'environ 20
centimètres, les mottes de la surface remplies de ra-

cincs et de tiges, et fais sécher ces mottes, pour les brûler par un temps chaud et un peu venteux.

Sème en suite le blé noir, si sa graine a chance de mûrir ; herse avec la cendre sans autre labour, puis passe le rouleau.

Le sol se trouvant épuisé par des récoltes successives, rend lui sa force au moyen de l'engrais ou du repos.

Si la dose d'engrais est forte, tu pourras, surtout si tu sèmes avec un grain produit par la tourbière, récolter, selon le climat, de l'orge, de l'avoine ou du seigle.

Un peu de sable ou de marne pulvérisée fera du bien.

Dans le cas où tu voudrais convertir la tourbière en prairie artificielle, enlève et brûle la découverte, et mêle à l'engrais la cendre obtenue, la marne et la cendre de bois.

Si tu fais ainsi, tu verras venir sur ta prairie, après avoir semé en conséquence, le trèfle blanc ou rouge, la phléole des prés, l'agrostis blanche, les houques, l'anthoxante, le vulpin des prés, le lotier, la bistorte, etc.

Tout en t'indiquant la manière de cultiver la tourbière à laquelle tu ne veux pas demander de combustible, je te préviens que des cultures successives abaissent le sol, et que tu exposes les générations qui te suivront à n'avoir qu'un marais.

Je te préviens également que la tourbière non cultivée avec amour finit bientôt par ne rien rendre.

En agricultnre, la tourbe s'emploie comme chauffage, litière, compost, cendres et agent désinfecteur, et même, mélangée d'un sixième de chaux, elle est mêlée avec avantage aux terres non humides.

Elle est une bonne litière si étendue sèche et pulvérisée sur le plancher de l'étable, elle est recouverte d'un peu de paille.

Elle entre, pulvérisée et mélangée d'un sixième de chaux vive, dans la formation du compost.

Elle y entre mélangée, à moitié de marne fusée.

Elle y entre également par lits qui sont placés sur des lits de fumier, et dont le dernier préserve la masse des ardeurs du soleil.

Elle s'applique, comme agent désinfecteur, aux latrines, aux purins et aux éviers.

N'avais-je pas raison, en commençant, de te donner à entendre que là où il n'y a que misère pour l'ignorance, l'intelligence trouve un trésor?

Les marais.

Les marais sont des terrains couverts d'eaux stagnantes. Ils ne conviennent pas à la culture des céréales, des racines et des légumineuses.

Ils produisent principalement, avec des joncs et des roseaux, des plantes fourragères dont la plupart, mauvaise nourriture pour le bétail, doivent servir comme litières, ou comme engrais vert ou sec enfoui.

Les bords de tout étang sont un marais qui, en viciant l'air, altère la santé des hommes et des animaux.

Le marais desséché peut devenir une terre généreuse qu'on doit maintenir par la fumure, dans son état de fécondité.

L'écobuage.

L'écobuage est l'extraction et l'incinération des fragments, des tiges et des racines de végétaux adhérents à une terre.

Il est aussi le brûlis de la terre ainsi dépouillée.

Le but de l'écobuage est de débarrasser la couche labourable des plantes qui en sont en possession, de détruire leurs germes par l'action du feu, de faire périr, ou d'éloigner les insectes nuisibles, de modifier favorablement les propriétés du sol, d'ajouter à la puissance des engrais, et même de les remplacer par l'effet qu'il produit.

On écobue principalement les friches couvertes de

végétaux ligneux ou sous-ligneux, les vieilles prairies artificielles ou non, les pâtures, les tourbières, et les marais nouvellement desséchés.

L'écobuage souvent répété sans le concours d'aucun engrais, épuise le sol le plus riche.

L'écobuage avec fumure convient aux terres qui pèchent par une trop grande ténacité.

Sans le concours d'engrais abondants, l'écobuage convient peu aux sols légers et sablonneux.

Au demeurant, le brûlis augmente, il est vrai, puissamment l'énergie du fumier, mais ne le remplace pas.

Les plantes crucifères et la plupart des légumineuses se trouvent bien de l'écobuage.

En Irlande, l'argile brûlée est la base de la culture des pommes de terre.

Dans d'autres pays, on ne s'est pas bien trouvé de l'avoir employée.

Expérience passant science, essaie-la.

Les chemins, les murs, les haies et les fossés.

Les chemins rendent le domaine abordable aux engrais.

Ils permettent d'enlever facilement la récolte.

On doit en créer où il en faut, les faire bons, solides et suffisamment larges, et les maintenir en leur état.

Toute propriété vaut plus et mieux close qu'ouverte.

La clôture garantit le champ des animaux, des maraudeurs et des abus de la vaine pâture et du parcours.

Elle permet au laboureur d'être tout-à-fait chez lui.

Elle procure aux plantes des abris contre les vents frais ou desséchants.

Elle prévient les dévastations accidentelles.

Elle augmente la chaleur du sol.

Elle rend le pâturage plus salubre pour le bétail.

Grâce à elle, on laboure, sème et récolte quand on le veut.

Le mur est la meilleure mais la plus coûteuse des clôtures.

Il fait faire merveille à l'espalier ou à la vigne qui le tapisse.

La haie vive, dans les contrées sèches et élevées, offre un abri favorable aux troupeaux.

Elle n'a d'inconvénients que sur un lieu humide et bas.

Naturellement la haie sèche ne vaut pas la haie vive, en ce qu'elle est moins durable, et offre moins de difficulté à l'irruption.

Le fossé, qui supplée d'une manière trop insuffisante le mur et la haie, indique les limites de la propriété, lui enlève une partie de l'excès de son humidité, reçoit les eaux surabondantes, et s'oppose plus ou moins à l'entrée du bétail.

La conservation des produits.

Le don de conserver complète celui de créer.

La vigilance préserve; la prévoyance conserve.

Une mouche, l'abeille, t'enseigne la prévoyance.

Un insecte, la cigale, te montre où le désordre mène.

Conserver est empêcher de se perdre.

C'est aussi se ménager la faculté de vendre les produits en moment opportun, et de les vendre bons.

Qui ne conserve pas ne s'enrichira pas.

Monte tes meules de céréales vivement, solidement et proprement.

Fais-les reposer sur un lit de fagots, ou sur un chassis les protégeant contre la souris.

Termine-les en haut par des bottes de paille.

Couvre-les avec des poignées de paille enfoncées dans la meule, et retenues par de grands liens dont elles doivent être entourées.

Bats avec la machine qui te paraîtra laisser le moins de grains dans l'épi.

Vanne et crible plusieurs fois le blé battu.

Répands-le uniformément sur le plancher du grenier, en couches plus ou moins épaisses.

Remue à la pelle, et passe de temps en temps au crible le blé répandu sur le grenier.

Avant d'y mettre le grain, nétoie le grenier.

Qu'il se ventile dans tous les sens.

Garantis-en les murs contre l'humidité, au moyen d'un ciment hydraulique.

Que les fenêtres, plus nombreuses au nord qu'au midi, soient garnies d'un treillage s'opposant à l'introduction des animaux nuisibles.

La manutention et la ventilation du grain mettent en fuite ou font périr le charançon.

Tu attireras cet insecte nuisible avec un monticule d'orge préalablement humecté.

Emploie les mêmes procédés contre la fausse teigne et l'alucite.

Le foin conservé en meule est le meilleur.

Ne mets en meule que le foin qui ne perd pas facilement ses feuilles.

Entame la meule du côté opposé à celui d'où vient la pluie.

Sale les foins rentrés humides, avariés ou sans odeur aromatique.

Garantis de la gelée, de l'humidité, de la chaleur et de la lumière, la betterave, la carotte, la pomme de terre, etc.

Mets-les en fosse d'après les procédés décrits par les meilleurs agronomes.

Préalablement, nétoie-les, et expose-les au sec.

Etablis les silos dans des terres saines et à l'abri des inondations.

Visite-y souvent la légumineuse.

Dès qu'une dépression se montre à la surface d'un silo, c'est signe que la fermentation y a causé des ravages.

Remue fréquemment la graine récemment récoltée.

Etends le blé sur un drap, pour en ôter, à la main, la mauvaise graine.

Battre mal est porter dans le pailler.

Pour empêcher la pousse des feuilles dans le cellier, décollette la carotte.

Conserver est, tu le vois, prévoir, savoir attendre, défendre les produits contre leurs ennemis, et, par suite, former le grenier d'abondance.

Le bétail et les industries agricoles, en général.

Continue d'écouter; je vais t'entretenir de choses qu'on oublie trop souvent.

Le bétail fait l'engrais, l'engrais le champ, le champ la récolte, la récolte le bétail, et celui-ci, avec les produits qui lui sont dûs et le travail qu'il fournit, enrichit l'agriculteur.

Une ferme sans bétail est une cloche sans battant.

Pas de belles moissons sans étables bien garnies.

Le blé ne suffit pas, il faut de la viande.

Faire du bétail est faire de l'argent.

Qui en a, fera deux récoltes, l'une au champ, l'autre à la foire.

Fais-en assez pour fumer tous tes blés.

Traite bien tes animaux.

On a vu l'animal maltraité se venger.

Si les bêtes parlaient, combien se plaindraient !

Jésus portait sur ses épaules la brebis fatiguée.

On tue, en l'aiguillonnant, le bétail qui est chétif.

Ne va pas croire que la malpropreté du poil entretienne la santé du bétail.

Soigne ton bétail mieux que toi-même.

Sa vie moyenne et sa valeur sont en raison de son bien-être.

Distribue régulièrement ses repas.

Quand il est malade, mande le vétérinaire.

Mets-toi à même de suppléer, au besoin, l'homme de l'art.

Veux-tu tuer ta bête ou ne pas la guérir, prends l'empyrique ou le sorcier.

Etudie le tempérament de chaque animal.

Que de maladies, d'épidémies et de morts causées par les constructions insalubres !

La bête à cornes qui étouffe dans une atmosphère putride sera atteinte de phtysie pulmonaire.

L'obscurité de l'étable cause des maux d'yeux à ton bétail.

Blanchis son logement.

Tiens-le propre et aère-le.

Prends garde aux courants d'air.

Si ton bétail boite, c'est sans doute pour avoir contracté l'affection du piétin, dans les acres ordures où il a eu les pieds plongés.

L'écurie pavée le fatigue.

Un dallage en béton hydraulique vaut infiniment mieux que le pavé.

Combien inutilement toutes ces précautions te sont recommandées depuis un demi-siècle !

Préserve l'animal contre les diarrhées et la météorisation.

Le premier soin à donner au troupeau météorisé est de le faire sauter à l'eau.

Fais bouillir des feuilles de tabac, et frotte le bétail pour le débarrasser de toute vermine.

Ne le fais pas boire, s'il est rempli de trèfle.

Rends progressive sa mise au vert.

Dans les premiers jours, laisse-le au pâturage, une heure seulement du matin ou du soir.

Acclimate-le avant de lui demander le travail dont tu as besoin.

Il est plus facile à acheter qu'à entretenir.

N'en aie que ce que tu peux en nourrir et en soigner.

Qui ne le nourrit pas le ruine et se ruine.

La grange vide l'affame.

La pâture et le fourrage doivent être son pain.

L'œil du maître doit aussi le nourrir et le panser.

Pour avoir vendu trop de foin, tu allongeras la nourriture à ses dépens.

Aplatis le grain trop dur pour être entièrement digéré par lui.

Mélange avec du foin de l'année précédente, l'herbe à lui donner.

Le fourrage coupé par un soleil ardent risque de le météoriser.

Le pâturage, dans les trèfles et dans les luzernes échauffés par les rayons du soleil, est dangereux.

La stabulation est une bonne chose, mais il est indispensable de mettre un peu, de temps en temps, le bétail dehors.

Elle ne convient pas à la bête de laine.

En hiver, diminue progressivement la ration de la bête de trait.

Pour prévenir le dégoût, varie, et pour le faire profiter, divise, à l'aide d'instruments, les aliments du bétail.

Tu apauvris le sang des animaux auxquels tu donnes exclusivement du foin de trèfle et de luzerne.

Ce sont les aliments qui font la quantité et la qualité du lait.

Donne en nourriture à ton bétail, soit la pulpe de distillerie, soit le marc de raisin mélangé avec une autre alimentation.

Mets au-dessus de chaque couche de trèfle ou de sainfoin, une couche de paille d'une épaisseur égale.

Le son nourrit moins que la paille qui nourrit peu, mais il rafraîchit.

La pomme de terre crue ne vaut rien pour le bétail.

La topinambour donne de l'appétit à tous les animaux.

Sois plus têtu que la bête à laquelle tu présentes une nouvelle nourriture devant lui convenir.

La bonne et belle bête ne mange pas plus que la laide et la mauvaise.

Bête qui digère mal, n'engraisse pas.

Chaque animal consomme selon son poids.

Les marcs de pommes et de poires peuvent nourrir le bétail.

Fais botteler le fourrage à livrer jour par jour aux animaux ; ce sera économie.

Distribue toi-même la nourriture pour n'en dépenser ni trop ni trop peu.

L'entretien du mauvais animal coûte plus cher que celui du bon.

Ne mêle pas, au ratelier, la paille au foin, la bête tirant la paille pour manger le foin seul.

Le régime sec est celui qui procure le moins de lait.

Nourris en proportion du travail, du lait et de la graisse dont tu as besoin.

L'engraissement le plus coûteux est celui qui se fait au foin et au grain.

Les animaux mal agencés, dont le torse aplati repose sur des jambes trop hautes et trop épaisses, exigent une ration d'entretien ou d'engraissement trop grande.

Le bétail monstrueux est souvent le moins bon.

Plus un animal est grand, moins il est précoce.

Le cheval, bœuf ou mouton aux jambes courtes, aux reins larges et au ventre abattu s'engraisse facilement.

Donner de la finesse aux os de la bête de travail est lui ôter sa force.

Diminuer la finesse des os de la bête d'engrais, est diminuer son aptitude à l'engraissement.

En matière d'animaux, vise à la précocité et à la facilité d'engraissement.

Engraisse vivement et au meilleur marché.

L'engraissement, pour être lucratif, doit être rapide.

Saigne l'animal avant d'engraisser, excepté la mule d'un an.

La ration d'entretien doit grossir avec le ventre du sujet.

Lentes et difficiles à engraisser, la plupart des anciennes races françaises doivent faire place à des croisements prenant la graisse de bonne heure, et permettant de produire la viande à bon marché.

C'est dans les grands concours d'animaux de boucherie qu'on juge de l'état de l'agriculture et des procédés d'engraissement d'un pays.

Une nourriture abondante et substantielle et des soins multipliés peuvent, à eux seuls, transformer une race.

L'agriculteur avancé peut pétrir son bétail, comme le potier l'argile.

La qualité de la viande est en raison directe de la liberté de l'animal.

Le contraire se produit pour la rapidité de l'engraissement.

Spécialise les races, celle-ci pour la production de la viande, celle-là pour celle du lait, et cette autre pour celle de la laine.

Les races du nord s'accommodent difficilement du climat du midi, et celles du midi de celui du nord.

L'animal devenu énorme, dans de gras pâturages, ne sera pas sûr là où le sol est maigre, d'avoir une belle descendance.

Le perfectionnement des races est pour le laboureur et le pays une source de progrès et de richesses.

Recherche les races à plusieurs fins.

Vois, au concours public, ce qui constitue la belle et bonne race dont tu as besoin.

Dans l'élève du bétail à perfectionner, considère avant tout le climat, le régime et l'habitation.

Avant d'introduire une race, crée des fourrages qui lui conviennent.

Là où manquent les races appropriées aux besoins du peuple, celui-ci, privé de viande, vit misérablement.

L'accroissement ou le perfectionnement conduit à deux grands résultats : l'augmentation des produits largement améliorés, et un surcroit de fécondité du sol.

Les avis sont partagés sur les meilleurs moyens de perfectionner les races d'animaux, et surtout les races bovine et chevaline.

Le croisement, à l'aide de reproducteurs tirés de loin, perd du terrain, pour ne pas avoir réussi partout, à cause des conditions de climat, de nourriture, d'habitation et de soins.

3*

Ces insuccès ont déterminé les agronomes qui les ont constatés à perfectionner le bétail par lui-même, et par de choix judicieux faits sur place, et combinés avec les conditions d'hygiène et d'alimentation locales.

En d'autres termes, ces agronomes choisissent, parmi les individus d'une race, ceux qui possèdent les facultés à perpétuer, évitant qu'ils soient parents même à un degré assez éloigné.

Ils s'en servent comme reproducteurs.

Ils les soumettent, avec leurs produits, à un régime approprié à leur but.

Au bout d'un certain nombre de générations, les qualités, individuellement propres aux reproducteurs, et accidentelles dans les produits, deviennent permanentes chez ces derniers, et la race, si l'essai a été bien conduit, se trouve constituée.

Deux bonnes bêtes valent mieux que trois médiocres.

Etudie bien les nombreux signes qui distinguent le bon animal du mauvais.

Réforme la bête âgée.

Tu as tout intérêt à acheter un jeune et beau sujet, plutôt qu'un animal formé, surtout si tu as peu de capitaux.

Sur tout bétail, c'est la moyenne qualité qui produit le plus.

Défie-toi, malgré sa beauté, du reproducteur trop jeune.

Sans cesse observe le bétail pour apprendre à l'acheter et à le vendre avec profit.

Applique-toi à rendre doux le sujet dangereux.

Défie-toi du maquignon, et sache toutes les ruses dont il se rend coupable.

Trois semaines avant de mener la bête à la foire, supprime le pain et le grain, et ne donne que du foin, pour que le corps grossisse et que le poids augmente.

Ayant un animal vicieux, ne le vends pas sans dire le vice, ce qui serait exposer l'acheteur à danger ou à perte.

Tu dois avoir, par quinze hectares, onze pièces de gros bétail, dix moutons en représentant une.

Le morcellement de la propriété quand il est excessif, supprime le bétail.

Employant le bœuf, comme bête de trait, tu économises l'avoine du cheval, et fais de la viande.

En bien des lieux, on substitue avec avantage le bœuf au cheval ; mais la substitution supprime une force indispensable à nos armées, la cavalerie.

Dans l'intérêt de l'animal et du travail, comme par mesure d'économie, répare, soigne et graisse la voiture et le harnais.

Comme sur toi-même, une propreté extrême doit régner dans la laiterie et la fromagerie qui, bien soignées, seront pour toi une source de profits.

Pour empêcher les œufs de se gâter, mets-les dans un lieu frais et sec où ils n'aient à craindre ni la chaleur ni la gelée, ou bien, place-les dans un lait de chaux.

Introduits dans le poulailler et le pigeonnier des vases remplis d'eau tiède, dès que la glace recouvre les eaux de la cour de la ferme.

Même en hiver, les volailles éprouvent continuellement le besoin de boire.

Abrite ton poulailler contre le froid.

Garantis-le contre la fouine ou la belette.

Tu peux avoir autant d'oiseaux de basse cour que ton fumier et les déchets de ferme permettent d'en entretenir.

L'orge, le sarrazin, le maïs et l'avoine font pondre la volaille.

Après mai, ne la fait plus couver.

Il n'y a, en ce qui concerne les animaux de toute espèce, pas plus de trois jeteuses de sorts : la paresse, l'ignorance et la routine.

Médite bien ces notions générales qui seront tout-à-l'heure complétées par des notions particulières que je recommande à toute ton attention.

Le bétail et les industries agricoles, en particulier.

Tu jugeras et traiteras mieux les animaux, quand tu sauras quels aides ils sont, et de quels profits ils peuvent être la source.

Je veux voir ton troupeau pour dire quel laboureur tu es.

Le bœuf rend le cheval inutile, donne de la viande, et fume le champ.

Il force à faire plus de fourrages et de racines, ce qui est la base de toute culture améliorée.

Il fournit une masse énorme de travail, et demande des soins aussi peu multipliés que peu dispendieux.

Il est doux et patient, et mieux il est attelé, moins il est lent dans le travail.

J'ai vu, dans le nord, des agronomes rendre sa marche très-rapide.

Lui donner le collier au lieu du joug est l'émanciper.

En fait de bœufs engraissés, la prépondérance ne doit pas appartenir aux grandes carcasses disgracieuses ressemblant à des éléphants.

Choisis, pour l'engraissement, les sujets aux formes symétriques, à la carrure trapue, et, sous un moindre volume, donnant beaucoup de viande.

Rassasie, mais ne dégoûte pas le sujet à engraisser.

Le bœuf mal préparé te coûtera cher à mettre en viande,

Deux mois avant la vente, engraisse avec la pomme de terre cuite au four, ou le topinambour.

Du choix des bœufs d'engrais dépend ta perte ou ton bénéfice.

Devenu, au-delà de six ans, d'une lenteur extrême, le bœuf fait peu de travail.

Veille à ce qu'il ne soit pas piqué de l'œstre.

Cette mouche perce la peau, dans la région du dos et des reins, pour y déposer son œuf qui engendre un ver.

La vache travaille, au besoin, mais un peu aux dépens de la lactation, quelque ménagée qu'elle soit.

Pas trop vieille, et judicieusemet engraissée, elle donne une viande valant, quoi qu'on en disc, celle du bœuf.

Pour la vache, la beauté vient après les conditions de lactation, de production, d'aptitude au travail et d'engraissement.

La bonne vache est ce qu'il y a de plus difficile à choisir.

La bonne laitière ou bonne beurrière se reconnait à de nombreux signes pour lesquels le cadre de ce travail est trop étroit, et que tous les bons traités d'agriculture t'indiqueront.

Consulte ces traités qui te feront faire d'avantageux achats.

La vache laitière est rarement bonne beurrière.

Si le lait est épais et d'un blanc jaunâtre, sur les bords du vase, la vache est bonne beurrière.

La beurrière a le palais et la langue noirs.

Un berger, Guenon, s'est fait un nom, en étudiant à fond la vache.

Use de grandes précautions dans la castration du sujet à engraisser.

Bien opérée, la castration maintient la sécrétion du lait, et accélère l'engraissement.

La luzerne qui n'est pas de première année et le foin coupent le lait à la vache.

Le sorgho, suivant un agronome qu'il ne faut écouter qu'après essai, supprime la moitié du lait.

Bien plus, il causerait la stérilité.

La racine coupée par tranches trop grosses, peut s'arrêter dans l'œsophage de l'animal, et le faire périr.

Coupée en minces taillons, séchée au four, réduite en poudre, et mêlée à deux tiers de sel, la racine fraîche de grande gentiane lui donne un grand appétit, et le préserve de l'épizootie.

Les fanes de garance, de luzerne, de trèfle et de sainfoin mélangées avec la balle du blé, réjouissent la vache, comme le bœuf.

Diminue la ration de la vache grasse à présenter à l'animal reproducteur.

Augmente la ration de celle qui est trop maigre.

Tâche de faire coïncider le vêlage avec les nouvelles herbes.

Surveille la bête, au moment du vêlage, afin de l'aider, au besoin, en usant de précautions extrêmes.

Dans la plupart des cas, il est absurde de lui présenter des cordiaux.

Les cordiaux qu'il t'est conseillé de ne pas administrer sont le vin, le cidre et les tranches de pain.

Ne donne pas à la mère son nouveau lait qui revient à son fruit.

Elève le veau qui promet un bel et bon sujet.

Le veau d'élève veut des soins assidus.

Après le sevrage, aie soin de le bien nourrir et abreuver.

Ne laisse pas téter plus de trois jours, le veau à élever.

Le beurre ne nourrissant pas, écréme le lait à lui donner.

Pour l'espèce bovine, le capital, au lieu de se réduire s'accroît, ou, tout au moins, se maintient.

Il faudrait tout un livre pour t'enseigner la confection des nombreuses et productives variétés de fromages dont le lait de la vache est la base.

Le cheval est un noble et généreux animal qui est bête de labour, de trait et de carrosse, et qui dans les batailles, partage l'ardeur du cavalier.

Il est, en outre, l'associé du baudet, dans la création de l'espèce mulassière.

Nul animal ne se pétrit mieux, au gré de l'éleveur : témoin l'arabe, l'anglais, le limousin, le normand, le percheron, le boulonais, etc.

On le rend, à volonté, par le croisement, propre au trait ou à la course.

Là où ne réussit pas le croisement, on le perfectionne par voie de sélection.

Il est au premier rang des animaux qui veulent des soins multipliés et de chaque moment.

Plus on le ménage, moins il s'use, et plus il dure.

C'est pitié de voir comment, en France, il est généralement traité.

Veux-tu un bon cheval ?

nourris avec discernement et prévoyance.

Bouchonne.

Etrille.

Revêts d'une couverture.

Procure un bain.

Ne laisse pas trop longtemps à l'écurie.

N'essouffle pas.

Ne force pas.

Loge bien.

Mets au vert, quand il le faut.

Purge, au besoin, et n'abuse pas de la saignée.

Les bons soins font autant que la nature les membres et l'âme de la bête.

Le cheval habite avec l'Arabe, et ne s'en trouve pas plus mal.

Sous le climat brûlant, c'est l'orge, et ailleurs, c'est l'avoine qui lui fournit de l'âme.

Il ne digère pas tous les grains de l'avoine non aplatie ou non un peu trempée.

Le regain lui convient encore moins que le foin très-court.

La paille hachée lui plait, le rafraichit et lui profite.

Après le régime du vert qui cesse, à la mi-septembre, donne-lui progressivement du foin.

La carotte blanche et à collet vert est précieuse pour lui.

Le pain lui convient.

En hiver, il a besoin d'être ferré à glace.

Les maladies d'yeux proviennent, chez lui, non de la nourriture, mais de la qualité de l'eau ou de l'obscurité de l'écurie.

La jument qui est pleine, qui vient de pouliner ou qui nourrit, a besoin de soins de toute espèce, et surtout d'une nourriture substantielle, et d'un travail modéré.

Elle fait généralement sept poulains dans sa vie qui est longue, si elle est de race.

Vieille, et même âgée de 7 à 8 ans, il lui arrive trop généralement d'avorter ou de ne pas emplir.

Saillie trop jeune, elle risque de donner de médiocres produits.

À dater de juillet, abstiens-toi de faire saillir.

Le fruit de la vieille jument est petit et ne devient pas beau.

Sois-là, au moment du part, pour mettre le poulain sur pied.

À ce moment aussi, présente-lui à discrétion un breuvage blanc qui ne soit pas froid.

Surveille la jument dont le poulain vient d'être sevré.

Tu peux présenter de bonne heure un peu d'avoine au jeune poulain.

Ne le laisse sortir qu'après la rosée ou le brouillard.

Évite, pour lui, la chaleur excessive au pâturage.

Acheté à un an, il se vend avec profit, au bout de douze à dix-huit mois.

Comme tous les autres reproducteurs, l'étalon a besoin d'être ménagé.

Couvre d'un linge mouillé la tête du cheval que, pendant un incendie, tu veux faire sortir de l'écurie.

Le mulet est la bête de somme par excellence.

Dans le midi, l'industrie du roulage se sert de lui plus volontiers que du cheval.

Il est robuste et sobre.

Il a le pied sûr.

Ses inconvénients sont de ne pas avoir pour la course, l'âme du cheval, de mal s'accommoder de la compagnie de cet animal, et d'être têtu et vindicatif.

Plus vite s'établiront de faciles communications dans les pays accidentés, plus vite on le verra disparaître.

Au reste, l'avenir de l'animal utile qui ne fournit pas de viande est de plus en plus menacé, et le cheval lui-même a besoin que le Danois vienne nous décider à le manger; c'est le seul service que puisse nous rendre une invasion de l'étranger.

Dans certains pays, l'élève du mulet est une spéculation très-lucrative.

Acheté à un an, et vendu à deux ans, le jeune mulet donne de gros bénéfices.

Si tu veux connaître la bonne jument mulassière, lis Jacques Bujault, et n'attends rien de moi qui ai le patriotisme de ne pas vouloir prêter les mains à ce que la jument fasse autre chose que des poulains.

L'âne est la bête de somme et de trait du pauvre.

Il est rustique, robuste et sobre.

Il a le pied sûr.

Il est entêté.

Ses qualités l'emportent de beaucoup sur ses défauts.

Le lait d'ânesse convient à la poitrine délicate.

Plus favorisée que celle de l'espèce mulassière, la chair de l'espèce asine se convertit en saucissons très-recherchés.

Le mouton donne une viande excellente.

Son lait se convertit en fromage.

Sa laine est un trésor pour l'industrie.

Plus la friche et la lande se disposent à devenir un sol incessamment cultivé, plus il est menacé d'être chassé de la petite culture.

Les rapports des mégissiers, qui tirent un grand profit de sa peau, sont alarmants.

A les croire, l'espèce deviendrait rare dans une foule de contrées où, naguère, elle était nombreuse et faisait merveille.

Espérons cependant que le mouton trouvera un refuge dans la grande culture qui peut facilement le parquer.

Très-délicat, il est sujet à de cruelles maladies.

Partant, il a besoin de soins multipliés.

Attends-toi, si tu négliges l'avertissement, à une perte moyenne annuelle, de seize agneaux sur cent.

Plus encore que l'espèce bovine, le mouton est friand de sel.

Il met à profit la vaine pâture, les talus, les revers de clôture, et les pelouses les plus médiocres.

Evite pour lui l'humidité des pâturages.

Attends, pour l'y mener, que la gelée ait passé sur le champ où ont germé les graines perdues de la récolte.

Ménage, à son début, le bélier que tu tiens à conserver longtemps.

Réforme-le, à cinq ans au plus tard.

Ne lui présente pas plus de deux brebis par jour.

C'est, de trois ans et demi à six ans et demi, que la brebis donne ses plus beaux produits.

Surveille la brebis pleine.

Evite, à l'approche de l'agnelage, qu'elle saute les fossés ou soit poursuivie par les chiens.

Mets à part et nourris mieux celle qui va agneler.

L'espèce ovine, quand on en connaît et applique bien l'hygiène, donne beaucoup de profit.

La chèvre est la vache et presque la compagne du pauvre.

Elle offre aux poitrines délicates un lait très-salutaire.

Elle nourrit l'enfant qui n'a pas à compter sur le sein de sa mère.

Elle trouve sa nourriture d'été dans les lieux sauvages, dans le fossé et dans la haie à laquelle, toutefois, sa dent nuit.

Elle pend aux rochers, disait Virgile, dont le vers nous donne une haute idée de sa rusticité.

Si tu sais t'y prendre, l'élève du porc peut te rapporter énormément.

Les races à nourrir sont celles qui, sous un poids donné, présentent l'engraissement le plus rapide et la meilleure viande.

La race par excellence est celle de New-Leicester.

En effet, d'après un agronome distingué, le kilogramme du poids vif du craonnais coûtant 1 fr. 52 cent., celui du New-Leicester revient à 49 centimes.

Nétoie et lave de temps en temps le porc.

Tout disposé qu'il est à se sâlir, il a, comme

l'homme, en certains lieux, aussi immonde que lui,
un besoin extrême de propreté.

Il aime le bain, et le bain lui convient.

Le privant d'eau, tu le perds.

En hiver, tiens-le chaudement.

Il lui faut une litière abondante et souvent renouvelée.

Les grains à lui donner doivent être cassés ou en
farine.

Livre-lui sa nourriture de telle manière qu'il ne
laisse rien dans l'auge.

Enlève celle qu'il laisse d'un repas à l'autre.

Donne-la-lui tiède et abondante.

Il se plaît partout.

Il se croise avantageusement avec toute race perfectionnée.

Chez lui, les grandes oreilles et les gros os ne valent rien.

L'embonpoint excessif rend dangereux le part de
la truie.

Celle-ci, au rebours des autres animaux, augmente
de valeur en vieillissant.

Mets dans une case à part la truie qui va mettre
bas.

Préviens l'étouffement des petits porcs, en donnant
peu de litière.

Prends garde, au moment de la parturition, de
laisser la mère manger les petits.

Après le part, donne une boisson tiède, composée
de lait, d'eau et de farine.

Sèvre les porcelets, 40 ou 50 jours après leur naissance.

Fais et fume des jambons et un lard délicieux que
tu vendras avec un grand profit sur les marchés des
villes importantes.

Ne laisse pas la femelle du lapin plus de 24 heures
avec le mâle.

La poule pond jusqu'à quatre ans.

Il n'est nullement besoin, pour engraisser poule et
chapon, de leur crever les yeux.

Parce que tu es le roi, es-tu nécessairement le bourreau des animaux?

Mets en lieu chaud, et pourvoie de nourriture la poule qui va couver.

Donne des soins assidus aux jeunes poulets.

Ils ont besoin de millet, de gruau ou de mie de pain humectés de vin ou de cidre.

Est-il besoin de te dire ce que peuvent rapporter les œufs de la poule, et combien valent les grasses poulardes du Mans et de la Bresse ?

Depuis que la féodalité n'est plus, le pigeon s'en va.

Seul, le pigeon patu a chance de ne pas disparaître.

Comme la poule, le pigeon pond convenablement, jusqu'à quatre ans.

Le dindon, qui a reçu sa toilette du rôtisseur, est chéri du gastronomme.

Il se nourrit dans les chaumes.

Il est peu frileux.

A la dinde qui veut pondre, en février, et dont les dindonneaux ne supporteraient pas le froid, donne à couver de 20 à 24 œufs de poule.

L'humidité nuit aux dindonneaux.

Ils ont besoin, pour nourriture, de trois parties, une de pain émietté, une de jaunes d'œufs, et une d'orties, de persil ou d'oignon.

On leur offre, dans l'oignon, un remède héroïque contre le rouge.

Ils doivent être heureux et fiers : une reine, celle de la Grande-Bretagne, a cherché et trouvé le moyen de les sauver du rouge.

Donne au coq d'Inde six poules au plus.

L'industrie fait son profit de la plume de l'oie.

Fraîche ou salée, la chair de cet oiseau nourrit le laboureur et l'artisan.

La graisse d'oie est la bienvenue près de la cuisinière.

Il n'est pas de sacrifices que le gastronome ne fasse pour le pâté de foie d'oie.

L'oie craint peu le froid.

Elle est gloutonne.

Fais-la manger à part.

La France ne lui reproche que d'avoir sauvé Rome menacée par les Gaulois, nos pères.

Il ne manque que la graisse au canard, dont le gascon met le foie bien au-dessus de celui de l'oie.

Donne au jeune canard qui s'emplume, des pommes de terre cuites, du pain bis et de l'avoine.

Je t'ai à peine dit, tant l'agriculture est un sujet immense, la millième partie de ce que tu dois savoir en matière de bétail et d'industries agricoles.

Si peu que je t'en aie dit, si le don de parler dont la bouteille fait tant abuser, passait de toi, par un effet de la colère de Dieu, à la bête qui te transporte, te nourrit, t'habille et fait les frais de nos oripeaux, crois-tu que celle-ci aurait grand bien à dire du laboureur qui lui préfère le cabaret?

L'estimation des bêtes grasses.

La méthode ordinaire d'estimation des bêtes grasses repose sur une grande pratique qui, toutefois, n'est pas infaillible.

Cette pratique consiste à juger l'animal par un coup-d'œil juste, à le mesurer avec le bras et en le touchant, et s'il s'agit d'un bœuf, à le tâter aux plis de la peau, au-dessous des flancs, entre les cuisses et le ventre, et au point de castration.

Tu te tromperas moins en examinant la poitrine, les côte, la colonne vertébrale, les os saillants du bassin et la base de la queue.

A ces parties, plus les os sont couverts de chair, et plus il y a de finesse, plus la bête est grasse.

Bien campé dans une balance à ce destinée, l'animal est facilement pesé.

Mathieu de Dombasle a imaginé un procédé de mesurage de l'espèce bovine qui, simple dans la pratique, serait trop long à indiquer ici.

Il suffit, au boucher exercé, d'un coup-d'œil pour

distinguer les bœufs engraissés au pâturage, de ceux qui ont pris graisse à l'étable.

Ceux-ci ont l'attitude embarrassée, les mouvements lents, les ongles longs, et le côté sur lequel ils se couchent sali par le fumier.

Tu jugeras de l'état de graisse du veau, en palpant l'extrémité des fesses, à la naissance de la queue, et la région ombilicale.

La couleur pâle plutôt que rose des lèvres du veau t'indiquera que sa chair aura la blancheur dont on est désireux.

Tu apprécieras la graisse et le poids du mouton en palpant ses reins, en examinant, avec l'écartement des fesses, la grosseur de la peau, et en le soulevant des deux mains.

Les soins qu'on peut donner aux chevaux, aux vaches et aux moutons, en l'absence du vétérinaire.

Fais avaler un demi-litre de café très-fort au cheval atteint de coliques.

Si le mal est pris à temps, le remède est souverain.

Frictionne deux ou trois fois par jour, la dureté et tumeur du pis de la vache, avec un mélange d'huile de dialthée, et trais souvent.

Frotte les crevasses de l'ulcère aux trayons, avec de l'onguent de céruse, et après chaque traite du lait, fais avaler de l'orge égrugé.

Administre, pour le tarissement du lait, du sel de glauber dissous dans de l'eau.

Remédie aussitôt au gonflement, en faisant boire un peu d'alcali volatil étendu d'eau.

Pour le dégoût qui ne tient pas à une maladie grave, mêle un peu de ce sel aux aliments.

Combats les vers en faisant avaler de l'huile empyreumatique de Chabert.

Purge, en changeant son régime, la vache qui donne du lait sans crème, ou dont la crème se sépare promptement.

Tu guériras le mouton du gonflement avec le remède conseillé pour la vache.

Dès le début de la maladie, lave la brebis galeuse avec une forte infusion de tabac à fumer, et mêle du sel et de la fleur de soufre au fourrage.

Préserve-la de la pourriture qu'elle contracte dans le pâturage bas et marécageux, en lui donnant, le soir, du fourrage sec arrosé de sel.

Quand le mal est déclaré, fais-lui manger un pain composé de deux parties égales de farine ordinaire et de farine de lupin, auxquelles tu ajouteras un peu de couperose verte et de la gentiane en poudre.

Applique sur le piétin ou ulcère de la corne du pied, de la poudre de vitriol bleu, que tu maintiendras en l'entourant d'étoupe bien liée.

Traite les écorchures et les plaies provenant de contusion, quel que soit l'animal, en y appliquant des compresses d'eau blanche ou de saturne.

Si elles suppurent par suite de négligence, lave avec du vin chaud, puis saupoudre de chardon en poussière.

Ne manque pas au soin de désinfecter l'étable et la bergerie qui ont été habitées par des animaux atteints de contagion.

La plupart des maladies des animaux doivent, je ne puis le dire assez, être attribuées au défaut de soins, au manque de surveillance, et à l'insalubrité de l'étable.

Quand donc donneras-tu au bœuf, à la vache et au mouton les soins que réclame le cheval?

Et surtout, quand reconnaîtras-tu que si tu t'étioles dans la chambre à la fois humide, chaude, exiguë et sans air, ton bétail doit étouffer dans l'étable aussi malsaine que ta demeure, et y contracter les maladies contagieuses que tu imputes si à tort à la fatalité?

De peur de tomber dans l'empyrisme qui tue ce que ton incurie n'a pas encore pu tuer, je n'en dirai pas plus long sur la médecine vétérinaire.

L'influence de l'eau et des aliments aqueux sur l'entretien du bétail.

Les bêtes à cornes étant friandes de racines, s'attendent à en trouver dans leur crèche, au retour de l'abreuvoir.

Dans ces dispositions, elles se précipitent vers l'étable, s'échauffant ou faisant, quand elles sont pleines, des chûtes dangereuses.

En se heurtant les flancs contre un des jambages de la porte, elles exposent le fœtus à être frappé.

En outre, la trop grande absorption de racines froides et d'un breuvage souvent glacé provoque un refroidissement susceptible d'être funeste.

La conduite à l'abreuvoir, immédiatement après la ration de fourrage sec, a également de graves inconvénients.

Elle force le bétail à boire outre mesure.

Elle nuit à la digestion.

En effet, l'élément aqueux dominant, l'assimilition des substances alibiles n'est pas complète.

Puis la ration alimentaire n'entretient pas autant qu'elle le devrait.

Sachons donc, pour agir en conséquence, qu'après une nourriture abondante composée de racines, le bétail éprouve peu le besoin de boire, qu'après une nourriture séche, il ne doit pas être trop abreuvé, qu'il convient de lui offrir de l'eau dans l'intervalle qui sépare les deux espèces de nourriture, et qu'en tout état de cause, la course excessive lui nuit.

A l'appui de ceci, disons un mot de la betterave et du fourrage.

La betterave contient plus de 80 pour cent d'eau, et c'est après la cueillette qu'elle est le plus aqueuse.

Il en résulte que le bétail le plus nourri de betterave est celui qui a le moins besoin de boire.

Il est faux, par conséquent, que plus l'animal boit, mieux il se porte.

D'un autre côté, dans la première phase de sa végétation, le fourrage vert qui remplace la nourriture sèche, contient un excès d'eau qui donne le flux de ventre au bétail.

Le dépérissement comme le peu de disposition à boire qui en résulte indique que les animaux sont trop abreuvés.

Plus tard, le fourrage est mûr, et alors la bête à cornes boit avec avidité, par ce double motif que la transpiration lui cause des pertes qui doivent être réparées, et que la nourriture ne possède plus assez d'éléments aqueux pour les fonctions digestives.

Les règles générales de la chimie agricole.

En commençant, j'ai glissé à dessein sur les règles générales de la chimie ; mais j'y reviens, maintenant qu'en me lisant jusqu'ici, tu as fourni la preuve de ton désir de m'entendre dire ce que tu dois savoir pour ne pas faire de l'agriculture empyrique.

En vérité, il n'y a, en chimie agricole, que quelques mots à connaître.

Si tu brûles à l'air une plante, il en reste un résidu appelé *cendre*, et la masse disparue a eu pour composants le carbone, l'azote, l'oxigène et l'hydrogène.

Quant à la cendre, elle est formée de parties inégales de potasse, de soude, d'oxyde de fer, de silice, de manganèse, d'acide sulfurique, d'acide phosphorique et de chlore.

La potasse, substance abondante dans toute végétation terrestre, se trouve dans la lessive de cendre de bois.

La soude est en grande quantité dans les plantes marines.

La chaux est connue de tous.

Quiconque a pris du sel d'Epsom sait ce que c'est que le manganèse qui forme le huitième de son volume.

L'oxyde de fer est la rouille.

Le manganèse est surtout dans l'écorce des arbres et dans les excréments.

La silice est la pierre à fusil.

4

Le chlore est un gaz d'un jaune vert, aux propriétés suffocantes, et entrant pour plus de moitié dans le sel.

Le carbone est le charbon de bois.

A l'état cristallisé, il est le diamant.

Son apparence noire est due à ce que sa nature poreuse absorbe la lumière.

Comme fibre ligneuse, il absorbe, l'eau exceptée, toute nourriture des hommes et des bêtes.

L'oxigène ou fabricant d'huile est une espèce de gaz formant la cinquième partie de l'air que tu respires.

Si tu brûles à l'air une substance, du carbone, celui-ci s'unira à l'oxygène, pour former l'acide carbonique.

Uni au soufre, l'oxygène engendre l'acide sulfurique qui est nécessaire à ton existence.

L'acide change toute substance végétale bleue en rouge.

Quand il le peut, il s'unit à l'alcali qui est amer au goût, chaud et brûlant.

La chaux vive a les propriétés de l'alcali.

La potasse et la soude sont deux alcalis.

L'alcali combiné avec un acide forme le sel.

L'acide sulfurique uni aux alcalis potasse, soude, etc., forme le sulfate de potasse, de soude, de chaux, de magnésie.

De la même manière, cet acide carbonique s'unit à la potasse, etc., ou à la chaux, pour produire le carbonate de chaux ou craie.

Si tu veux obtenir de la chaux à bon marché, chasse l'acide carbonique, soit par un feu lent et continu, soit avec un autre acide, soit même avec le vinaigre qui, versé sur la craie, dans un verre, produit le sifflement du gaz acide carbonique s'éloignant de l'autre acide.

Le gaz acide carbonique, avant d'être largement mélangé avec l'air, est nuisible à la vie des animaux.

La flamme n'y peut vivre un seul instant.

En s'échappant du combustible que tu brûles, il se mêle au courant d'air formé dans la cheminée.

Ici ce courant d'air est ton sauveur, car tu sais ce qui se passe dans la chambre fermée où du charbon est allumé.

L'acide carbonique, bien que vingt fois supérieur en pesanteur au gaz hydrogène, forme avec celui-ci, au bout de plusieurs heures, un mélange uniforme.

Ainsi, dans l'atmosphère, tu trouves intimement liés cinq litres environ de lourd acide carbonique, au reste, 11,000 litres à peu près.

Poison par sa nature, l'acide carbonique te donne le mal de tête dans la chambre peu aérée où il y a beaucoup de monde.

De là, le motif pour lequel on te conseille de ventiler ton habitation et l'étable.

Quoique dangereux pour la santé, à l'état concentré, il joue un rôle important dans l'économie de la nature.

Il est la source où les plantes puisent la moitié de leur masse sèche.

Les feuilles de celles-ci te rendent l'immense service d'extraire ce poison de l'air commun.

Voici comment les plantes soutirent le carbone de l'air.

Ayant placé des feuilles vertes dans une soucoupe pleine d'eau, couverte par un verre à boire, et exposé au soleil, tu vois de petites bulles de gaz s'élever des feuilles.

Ces bulles sont de l'oxygène le plus pur, et les feuilles, retirées de l'eau et séchées, ont augmenté du poids du carbone par elles accumulé.

Ainsi donc, au soleil, et pendant le jour, les plantes, au rebours de ce qui a lieu la nuit, rendent l'air d'une chambre plus agréable et plus sain, en augmentant l'oxygène au dépens de l'acide carbonique.

Une autre propriété du gaz acide carbonique est de dissoudre les plus durs ingrédients du sol.

L'eau qui en est chargée dissout la craie, et même les os sur lesquels l'eau distillée a peu d'influence.

Cette propriété justifie la pratique qui consiste à mélanger la poussière d'os avec un engrais animal en décomposition.

En effet, l'acide carbonique et l'ammoniaque qui se dégagent dans la décomposition des matières organiques, dissolvent une portion d'os.

Le phénomène indique aussi que le drainage tire son avantage de ce que, dans son passage au travers du sol jusqu'au drain, l'eau de pluie qui contient de l'acide carbonique, décompose les substances les plus dures.

C'est également parce qu'ils exposent une surface nouvelle au grand dissolvant, que les labours et les hersages sont si utiles.

C'est enfin par le même motif qu'il est si important d'enfouir promptement le fumier dans le sol où aura lieu la fermentation qui est le développement de l'acide carbonique et de l'ammoniaque, plus destiné que l'atmosphère à fertiliser la terre.

Les gaz émis dans les premiers temps de la fermentation du fumier sont éminemment profitables à la végétation.

Le gaz hydrogène est la plus légère des substances connues.

Le gaz azote compose les quatre cinquièmes de la masse de l'air commun.

Inconnus à bien des personnes, dans leur état séparé, les deux gaz, perpétuellement présents, composent une grande partie des substances qui t'intéressent le plus.

Ainsi, l'azote et l'oxigène, avec un peu d'acide carbonique, forment l'air que tu respires.

Huit parties d'oxygène et une partie d'hydrogène font l'eau.

Chimiquement unis, l'azote et l'hydrogène constituent l'ammoniaque.

L'ammoniaque est une substance volatile, quand

la potasse et la soude sont l'alcali, la première des plantes de terre, et la seconde des plantes de mer.

L'ammoniaque, tu le vois, provient réellement des matières animales et végétales en décomposition.

Mais comme l'ammoniaque et le carbonate d'ammoniaque s'évaporent facilement dans l'air, et comme un alcali en chasse rapidement un autre, évite d'ajouter des engrais ammoniacaux, comme la suie, le guano, etc., à d'autres alcalis, comme la cendre de bois récemment brûlé, qui contient de la potasse caustique ou de la chaux.

Fixe plutôt l'ammoniaque dans les engrais de l'espèce, en les mélangeant d'acide sulfurique étendu de quatre litres et demi d'eau pour 455 grammes, et forme ainsi un sel neutre, le sulfate d'ammoniaque qui ne s'évapore pas à l'air.

Ayant versé de l'eau dans un tamis sur de la fine farine, et ayant remué avec la main, tu vois un fluide laiteux passer dans le vase en dessous ; ajoutant toujours de l'eau, tu vois le liquide passer tout-à-fait clair, et il apparaît sur le tamis une substance gluante qui s'appelle *gluten*.

Dans le vase en dessous est une matière granuleuse appelée *amidon*.

Ces deux composés de la farine de froment et de plusieurs plantes alimentaires exécutent deux fonctions diverses dans ton corps.

Le gluten contient le carbone, l'hydrogène, l'oxygène, et l'azote.

L'amidon contient du carbone, de l'hydrogène, et de l'oxygène, c'est-à-dire, point d'azote.

La présence ou l'absence de ce gaz, constitue une différence très-importante.

L'amidon, la gomme et le sucre qui forment une portion de ta nourriture ne suffisent pas, isolés, à te faire vivre.

Ils forment les éléments de la respiration et donnent la chaleur au corps.

Le carbone qui en est le principal ingrédient,

s'unit à l'oxygène de l'air ; il est brûlé dans tes tissus, et, de la sorte, la chaleur animale est produite comme celle qui s'échappe du feu.

L'autre ingrédient important de ton alimentation, le gluten, forme le sang, et, par conséquent, tous les solides et liquides de ton corps.

Il répare la perte chaque jour éprouvée par ton système.

Le gluten du froment est semblable au blanc d'œuf.

Toujours présent dans tout aliment nutritif, et ne variant jamais dans sa composition, il est le même dans le blé, les pois, etc.

Malgré la différence d'aspect, le gluten est même chose que le muscle de ton bras et que la chair de ton bœuf.

Il en résulte que tu manges la chair déjà formée dans tes aliments.

C'est une disposition bien sage du créateur, l'assimilation étant d'autant plus facile qu'il y a grande analogie de composition entre l'aliment et le corps qu'il nourrit.

Tu verras toute la portée du fait, en apprenant comment les plantes se pourvoient d'azote.

Les blés n'en extraient pas une goutte de l'air pour leur usage immédiat.

Ce privilége appartient aux légumineuses, trèfle, pois, fèves, etc., et peut-être aussi aux navets, betteraves, carottes et topinambours.

Les céréales absorbent l'azote au moyen de leurs racines.

Elles le tirent de l'ammoniaque qui leur est portée par la pluie ou qui est formée dans le sol par la présence de matières animales et végétales en décomposition.

Voilà pourquoi le blé, par exemple, est une plante épuisante.

Voilà aussi pourquoi le trèfle ne fatigue pas trop la terre.

Il découle du même fait que, plus, sous un poids

donné, un aliment contient d'azote, plus il est nourrissant.

Ainsi, deux champs étant donnés, l'un non fumé, et l'autre fourni d'azote par un engrais, l'hectolitre de grain de celui-ci sera de beaucoup le plus nourrissant.

Ainsi, dans un champ non fumé à l'urine humaine, 100 parties de blé fourniront 9 et 66 pour cent de gluten et d'amidon, quand le champ de la sorte fumé contiendra 35 et 39 pour cent de ces parties constituantes.

Ce résultat te prêche la stabulation du bétail, en te disant ce que valent les déjections animales.

Maintenant il te reste à savoir que la cendre résultant de la combustion de cent grains de blé, par exemple, ne donnera pas plus de deux grains qui sont indispensables à la formation de la plante.

Venue du sol, dans la combustion, cette cendre n'a pu s'évaporer comme le gaz.

Ses ingrédients sont la potasse, la soude, la chaux, la magnésie, le soufre, le fer, le manganèse et le phosphore ou porte-lumière, métalloïde dont je veux te parler.

Le phosphore compose une grande partie de tes os.

Il se trouve en abondance dans les semences de toutes les plantes.

Il brille dans l'obscurité.

Combiné avec le soufre et frotté sur une surface rugueuse, il produit la flamme demandée à l'allumette chimique.

Aussitôt qu'on jette l'eau qui le couvre, dans la bouteille où il est conservé, il s'en dégage une vapeur blanche qui est l'acide phosphorique.

Comme tous les autres, cet acide se combine avec les alcalis.

Les produits qu'il forme donnent les phosphates de potasse, de magnésie et de chaux.

Le phosphate de chaux ou terre d'os, constitue plus de la moitié du poids de tes os desséchés.

Il est aussi dans d'autres parties de ton corps.

Il est absolument nécessaire à la formation de toutes les graines des plantes.

Le phosphore est, dans tes terres, une substance aussi rare qu'importante.

La vente des produits de la vacherie, du troupeau et de la récolte de blé, leur enlève une masse considérable de cette précieuse essence.

Pour plus de simplicité, je vais parler, au lieu de la terre à os, de la poussière d'os dont 1359 grammes renferment 906 grammes de terre à os.

Il s'agit de rendre à la terre, de la manière la plus économique, la quantité de poussière d'os qu'elle a perdue par la vente de ses produits.

La belle farine contenant un pour cent de cendre, le son brûlé en donne de 7 à 8 pour cent, dont les trois quarts sont des phosphates terreux.

En conséquence, tu réparcras ta perte de terre à os, en achetant pour chaque hectare de blé vendu, environ 380 kilogrammes de son que tu consommeras sagement sur la ferme.

Le meilleur moyen d'employer le son est d'en nourrir des cochons qui ont atteint toute leur croissance.

Leur fiente mise à l'abri, rend tous les phosphates de leur nourriture, et forme un excellent engrais pour les navets.

Défie-toi du son étranger, trop souvent séché au four.

Ne pouvant acheter assez de son, procure-toi de la poussière d'os.

Les os sont facilement dissous dans le sel commun, dans les sels d'ammoniaque et dans les engrais qui, par leur décomposition, laissent dégager de l'ammoniaque et de l'acide carbonique.

La manière la plus économique de les dissoudre est de commencer à les faire fermenter dans l'urine, avec du sel et des cendres, longtemps avant de t'en servir.

Procède comme il suit à l'égard des betteraves et des navets de Suède, par exemple.

Mélange 254 kilogrammes de poussière d'os avec 254 kilogrammes de sel, et 750 litres de charbon de terre.

Place le tout dans un lieu couvert.

Remue le mélange une fois par semaine.

Répands-y autant d'urine qu'il peut en absorber.

Cela fait, retourne-le bien.

Le grand rival de la poussière d'os est le guano que peuvent remplacer certaines préparations.

Dans la préparation des matières fécales qui sont, avant même les immondices des villes, un bien précieux engrais, l'absorbant le moins coûteux est la cendre de charbon de terre mêlée de plâtre, s'il est possible.

Le meilleur désinfectant est le sulfate de fer.

La chaux a l'inconvénient de chasser une ammoniaque très-précieuse.

Tu te procureras le gaz d'azote, si important en agriculture, au plus bas prix possible, dans les rejets des fabriques de tissus de laine qui en contiennent beaucoup.

Un lavage quotidien avec vingt litres d'eau mélangés de 2400 grammes d'acide sulfurique, assainit l'étable à 10 vaches.

Il aide, en outre, l'ammoniaque à se fixer dans les citernes.

Cent charretées de fumier exposées en plein air, se réduisent, au bout de 80 jours, à 72, et au bout de 500 jours, à 47.

L'argile brûlée a la propriété de retenir l'ammoniaque, et d'être un absorbant pour les citernes.

De là, les vertus de cette substance employée en couverture.

Un mélange de sulfate d'os avec le fumier de la ferme, donne les résultats les plus efficaces et les plus durables.

Trois parties d'argile mélangées à une partie de chaux sont un excellent amendement.

La craie molle et savonneuse vaut infiniment mieux que la craie dure et compacte.

4*

Une terre, le sable, par exemple, en draine une autre, en ce qu'elle la divise.

Une terre en rend aussi une autre plus consistante.

Dans un été humide, la récolte de blé traitée avec une large dose de phosphate de chaux et d'ammoniaque, sera toute couchée.

Le sel ordinaire rend la paille de blé plus lourde et plus forte.

Il corrige la tendance de l'ammoniaque, dans le fumier, à produire une végétation superflue.

On remarque, par exemple, que, sur le bord de la mer, le blé se tient mieux que celui qui en est éloigné.

On parvient aussi à arrêter la végétation surabondante de la paille, et à en augmenter la force, à l'aide du mélange résultant d'une dissoluion d'os dans l'acide muriatique ou dans l'acide sulfurique.

L'avoine veut un fumier récent.

Contenant plus de matière nutritive que le blé, elle emporte, pour une récolte de 22 hectolitres, 31 kilogrammes d'acide phosphorique, ou environ 136 kilogrammes d'os.

Répands le fumier sur le trèfle par un froid sec, mais non par une gelée blanche.

Saturée d'urine, la cendre de charbon de terre est pour cette plante un excellent engrais en couverture.

Le fumier de vache est riche en sel de potasse.

L'engrais liquide affermit le terrain mouillé.

La terre qui absorbe le mieux l'air, l'humidité et les gaz de l'atmosphère, est celle qui est riche en humus ou terre de jardin.

L'humus est formé de débris végétaux et animaux.

L'argile est une terre grasse et compacte qui retient longtemps l'eau à sa surface.

La terre calcaire est un sol naturellement peu pénétrable à l'eau et où dominent la chaux, la marne, la craie, etc.

Les terres siliceuses ressemblant à du sable, sont légères, s'émiettent facilement, sont arides, s'échauffent, et sont aisément pénétrées par l'eau qui ne s'y arrête pas.

Ces trois espèces de terres sont rarement à l'état pur.

De là les noms de *marneuses, argilo-calcaires, argilo-siliceuses, etc.*

En voilà, je crois, assez, avec les chapitres qui précèdent, pour te prouver que, depuis la création, Dieu, dont tu dois imiter la sollicitude, ne cesse de te préparer et de te mettre en réserve d'immenses et d'innombrables éléments de succès.

Le phosphate ferrico-calcique.

Le phosphate ferrico-calcique abonde en France où son mélange avec un peu de carbonate calcique l'a fait prendre pour du calcaire-siliceux ou argileux.

On le trouve dans les argiles du *gault* (19e étage géologique), soit en concrétions sphériques, ou mamelonnées, à couches concentriques, soit à l'état de moules épigéniques remplissant les cavités des fossiles.

Ces rognons, très-abondants à la base de la craie supérieure (22e étage), forment de véritables couches de 10 à 80 centimètres de puissance.

Or, les phosphates ferrico-calciques sont appelés à devenir une source de richesses pour l'agriculture : car l'acide phosphorique est autant que l'azote, et bien plus que la chaux, indispensable à la fertilité des terres.

Les substances salines.

On me reproche une omission que je répare:

Il s'agit de savoir l'effet des substances salines sur la végétation.

Eh bien ! mêlées au sol et aux composts, à doses judicieuses, elles aident puissamment à la végétation, et améliorent les fourrages, les légumes et les grains.

Cependant, sur un grand nombre de sols, elles nuisent ou sont de nul effet.

Essaie-les donc, mais avec plus de précautions encore que le plâtre, et si presque toute terre vient à bien s'en trouver, sois sûr de voir la loi te mettre à même de te les procurer au plus bas prix possible.

Les échantillons des terres de chaque commune.

Si chaque commune possédait, dans des bocaux convenablement étiquetés, un échantillon chimiquement analysé de chacune de ses variétés de sols et de sous-sols, tu ne te trouverais embarrassé ni dans tes mélanges de terres, ni dans les choix à faire entre tes marnes, et l'enseignement rural que je veux voir commencer dès l'école, aurait un point de départ ou plutôt une base qui promettrait de prompts et féconds succès.

Expérience passe science, me diras-tu, et combien qui savaient, se sont ruinés devant le laboureur qui n'était riche que de bon sens et de pratique !

Mais que cela prouve-t-il, si ce n'est que la science a besoin elle-même de procéder par essai, et de s'appuyer ainsi sur la prudence et la pratique ?

Les moyens d'apprécier les qualités des sols.

Une terre brune ou de couleur jaune s'agglomérant, à quelques centimètres, sous la pression des mains, et redevenant facilement divisible sous les doigts, est un indice de fertilité.

Dans le sol de mauvaise nature, les parties sableuses ne contractent ensemble aucune adhérence, présentent de larges crevasses pendant les sécheresses, se couvrent d'eau pendant les pluies, et s'attachent très-fortement aux instruments.

Humide, la terre argileuse reste en mottes ou en tranches consistantes.

Dans le même état d'humidité, le sol sableux est en grains sans adhérence.

Le sol meuble et amendé a des parties adhérant légèrement ensemble, et conserve des sillons largement tracés.

Les végétaux et l'analyse chimique servent aussi d'indices des qualités du sol.

Cependant, telle terre qui, au coup-d'œil et à la manipulation peut te sembler mauvaise, est naturellement fertile, ou avec de légères modifications, peut être rendue féconde.

Il va sans dire aussi que telle autre terre qui paraît bonne, peut valoir peu de chose.

En conséquence, c'est seulement à force d'observation et d'expérience qu'ici, comme en toute autre matière agricole, tu deviendras habile.

La formation des sols.

Après t'avoir parlé de la chimie agricole dont en commençant, je ne voulais rien dire, je vais, entraîné par l'utilité du sujet, t'entretenir du sol, de ses propriétés, et de la nature des terres.

Le sol arable est composé d'une multitude d'éléments.

Il est formé d'abord par le détritus des roches désagrégées par la chaleur, la gelée et la pluie, puis par des couches géologiques naturellement terreuses, et par le résidu de la végétation elle-même.

La nature et les qualités des sols.

Le sol doit être, d'abord assez divisé pour que les racines le pénètrent facilement, puis, assez pesant, pour qu'à l'aide des racines, les tiges résistent aux vents.

Il doit être assez perméable aux eaux pluviales, et retenir l'eau de telle manière qu'il ne forme pas une pâte inaccessible à l'air, et qu'il ne soit pas susceptible, dans les temps secs, de présenter des crevasses qui déchirent ou mettent à nu les racines.

Il doit avoir, au moins près de sa superficie, une

couleur jaunâtre, fauve ou brune assez foncée pour s'échauffer aux rayons solaires, et présenter aux plantes une chaleur humide.

Il doit contenir de l'humus.

Il doit renfermer de l'argile, du sable et de la chaux carbonatée, en proportion permettant aux caractères précédents d'être réunis.

Il doit avoir les propriétés qui viennent d'être indiquées, dans une profondeur au moins égale à celle que demandent les racines des plantes en culture.

Il doit, au-dessous de cette profondeur, ne pas offrir une couche imperméable a l'eau.

La composition des terres arables.

Généralement, argile, carbonate de chaux, sable, humus, débris de végétaux, oxyde de fer, eau, air, divers gaz, et accidentellement, magnésie, mica, sulfate de chaux, et divers sels.

L'argile constitue la plus grande partie du sol, formée qu'elle est de silice et d'alumine mélangées en différentes proportions.

La silice entre dans la masse pour une quantité de 40 à 75 centièmes.

L'argile connue sous le nom de *marne*, doit à sa richesse en carbonate de chaux, de servir d'amendement.

Le carbonate de chaux qui, en proportion considérable, fait appeler *calcaires* divers sols, marnes, pierres et sables, est un composé de chaux qui, combiné à l'acide carbonique, peut en être séparé par la volatilisation de celui-ci.

Le carbonate de chaux se trouve à profusion dans les roches fossilifères.

Unie à l'eau, et répandue sur les sols ou dans les composts, la chaux absorbe l'acide carbonique de l'air, et reproduit l'acide carbonate de chaux.

Dans cet état, éteinte à l'eau, et combinée au plâtre, la chaux est un des plus utiles agents de la végétation.

Le sable, dans les sols, est généralement fourni de silice dont la cohésion est d'une force extrême, et de quelques traces de matières étrangères qui le colorent.

L'humus qui est le résidu de la décomposition de végétaux et d'animaux, contient de l'hydrogène, de l'oxygène, du carbone et de l'azote.

En proportion convenable, l'oxyde de fer communique au sol une coloration qui lui fait mieux absorber la chaleur, qui lui permet de la retenir plus long-temps que le sable, et qui le rend plus chaud.

La magnésie est un oxyde métallique blanc et insoluble.

Unie à l'acide carbonique, elle forme un carbonate qui rend les terres froides, humides, friables et arides.

Le mica est ordinairement constitué par l'alumine, la potasse, un peu de fer oxydé, et même un peu de chaux magnésifère.

Il rend le sol aussi léger, mais moins chaud que le sable.

Le charbon a un pouvoir remarquable d'absorption des rayons calorifiques, et de condensation des gaz.

Il concourt à l'allégement de la terre, et ralentit très-utilement la décomposition de détritus très-altérables, tels que l'urine, le sang et les matières fécales.

En proportion excessive, le bitume dont sont imprégnés certains schistes, et certaines argiles, fait trop adhérer entre elles les parties terreuses, et rend les sols improductifs.

Brûlé, il laisse un résidu qui est un amendement.

Le plâtre cru ou gypse est, pour les trèfles, les luzernes et les légumineuses, un énergique stimulant.

Les sols argileux.

Le sol d'argile pure est impropre à la culture.

Les terres trop argileuses ou glaiseuses sont humides et froides pendant les trois quarts de l'année.

Leurs produits sont tardifs, et de qualité médiocre.

Les froments y grainent peu.

A la maturité, leurs graines ont beaucoup perdu de leur volume.

Certains herbages y croissent bien, mais leurs foins sont peu succulents.

Il est difficile de trouver le moment de les labourer.

En hiver et au printemps, le labour y est difficile et y veut être fréquent.

On ne les rend généreuses qu'en les fumant, qu'en y adjoignant d'autres terres, et qu'en les débarrassant de leur excès d'eau.

Les terres trop argilo-ferrugineuses, joignent à l'inconvénient précédent, celui, si le fer n'est pas mêlé à du sable, d'être impropres à la végétation.

On ne peut guère compter sur le produit des argiles marneuses qui, pendant les pluies, forment une véritable bouillie.

Les semis de printemps y sont presque toujours impossibles, et ceux d'automne y périclitent souvent.

Les terres argilo-sableuses se divisent en *fortes* et en *franches*.

Les terres fortes ont à un moindre degré les inconvénients de celles dont il vient d'être question.

Les schistes argileux décomposés ou triturés sont de véritables terres fortes qui finissent par augmenter la couche de terre végétale, et par devenir très-favorables à la végétation.

Les terres franches sont le passage insaisissable en pratique, des sols argileux aux sols sableux.

Le plus grand nombre des végétaux et des plantes économiques, et toutes les céréales y prospèrent.

Rarement elles veulent être amendées.

Elles s'accommodent de tous les engrais.

Les sols sableux.

Les sols sableux sont le contraire des terrains argileux.

Ils sont un crible au travers duquel passe l'eau qu'ils reçoivent.

Ils s'échauffent, au printemps, aussi facilement qu'ils se dessèchent, en été.

Leur culture est peu pénible et peu coûteuse.

On trouve toujours le moment de les labourer.

Ils n'exigent pas de fréquents labours.

Ils n'offrent pas aux racines un point d'attache assez solide.

L'eau est pour eux plus encore que l'engrais qu'ils dévorent vite.

Pendant la sécheresse, ils aiment l'ombre des végétaux ligneux.

Les argiles marneuses leur conviennent comme amendement.

Ils s'arrangent au mieux des fumiers qui ont beaucoup d'humidité.

Les terres sablo-argileuses où le sable siliceux abonde plus que l'argile, se placent près des terres franches.

Les terres argilo-sableuses d'alluvion récente, et submersibles, reçoivent, comme le Nil, un limon qui les rend très-fécondes.

Toutes les terres de nature sablo-argileuse sont faciles à travailler.

Les terres quartzeuses à gros fragments mélangés de peu de terre, sont celles où domine le quartz, pierre à base de silice.

On n'y peut guère cultiver que des végétaux ligneux.

Les terres graveleuses à petits fragments assez mélangés de terre, valent beaucoup mieux que celles qui précèdent.

Les terres granitiques fines et profondes, peuvent être, surtout si elles sont amendées, fumées et arrosées, d'une assez grande fertilité.

Les chevaux s'y montrent vifs et fins ; les bœufs y sont ardents au travail, et la chair du mouton y est savoureuse.

De couleur noire ou noirâtre, et souvent pulvérulentes, les terres volcaniques sont légères et exigent la même culture que les terres sableuses où argilo-sableuses.

Suffisamment pourvues d'humidité, elles ont une fertilité supérieure à celles des meilleurs sols granitiques.

Les terres sablo-argilo-ferrugineuses ont un excès d'oxyde de fer qui les rend impropres à la végétation, et une fâcheuse disposition à s'agglomérer en poudingues accessibles à l'excessive chaleur.

L'engrais et l'arrosement peuvent cependant y faire obtenir des produits d'excellente qualité.

Les terres de sable de bruyère, peu productives dans la grande culture, sont les meilleures en horticulture.

Elles sont peu profondes, reposent sur un sous-sol argileux, se dessèchent, en été, et forment, en hiver, un marais.

Des mélanges avec d'autres terres peuvent en faire tirer un bon parti.

Les terres de sable pur sont, par exemple, les dunes qu'on parvient à fixer, et dont, à force de constance, on finit par obtenir des produits.

Les sables des bords des fleuves peuvent aussi se fixer et être rendus productifs.

Il en est de même de certaines plaines de sable assez vastes.

Les sols calcaires.

Les sables calcaires sont plus favorables à la culture que les sables quartzeux.

La chaux carbonatée à l'état pulvérulent, forme la base des terrains crayeux, marneux et tuffeux.

Les terrains crayeux renferment, avec beaucoup de calcaire, du sable fin et de l'argile, et peut-être du carbonate de magnésie.

Ils exigent, pour n'être pas stériles, des frais considérables de culture.

La craie absorbe et retient l'eau.

Elle reflète, par sa couleur blanche, les rayons solaires.

Peu de plantes fourragères y prospèrent.

Le tuf est une craie dont la compacité est extrême.

Mélangés avec d'autres terres, la craie et le tuf deviennent productifs.

Les sols marneux où domine l'argile sont peu fertiles.

Les sols magnésiens.

Les sols dont la magnésie est saturée de gaz acide carbonique sont fertiles.

Là où la magnésie se présente dans un état de sous-carbonate dû, soit à la calcination, soit à la nature, le contraire se produit.

On en neutralise l'action, en évitant l'emploi de la chaux là où elle abonde, et en la mettant dans le sol en contact avec de la tourbe ou avec un engrais qui lui procure assez de gaz acide carbonique.

Les anciens marais salés.

Les anciens marais salés donnent des foins pour lesquels tous les herbivores montrent une avidité remarquable, d'où il suit que le sel qui a encore à être étudié, pourra, quand le dosage et tous les effets en seront connus, rendre à l'agriculture, des services dont, jusqu'ici, on ne s'est pas douté.

L'humidité et la sécheresse.

Nul ne calcule exactement, au début de l'œuvre didactique, la longueur qu'elle aura.

En effet, me mettant à songer aux curieux et importants effets de la chaleur et du froid, je ne puis résister au désir de t'en parler.

A l'époque des chaleurs, l'humidité favorise la germination.

Elle dépose les substances nutritives des plantes.

Elle sert d'aliment aux racines.

Elle rend, en le divisant, le terrain plus perméable à l'air et aux jeunes chevelus.

Surabondante, elle fait pourrir les parties souterraines des plantes.

Elle développe à l'excès les cultures.

Elle prive de leur consistance les organes foliacés des plantes.

Elle réduit la production.

Elle nuit à la qualité et à la quantité des fruits et des graines.

Elle rend funeste l'effet des gelées.

Quant à la sécheresse, elle arrête ou fait dépérir la végétation.

L'humidité et la sécheresse de l'atmosphère.

L'eau répandue dans l'atmosphère agit sur les feuilles à peu près de la même manière que celle de la terre sur les racines.

Elle nourrit les végétaux, soit par elle-même, soit par les gaz qu'elle tient en dissolution.

Excessive, elle cause la coulure des fleurs, et réagit sur la production comme sur la qualité et le volume des graines.

Elle entrave les travaux de labour et de semailles.

Elle gêne dans leurs fonctions, les organes foliacés des végétaux.

J'ai dit plus haut les effets désastreux de la sécheresse.

Les nuages et les brouillards.

La vapeur d'eau répandue dans l'atmosphère, y existe d'une manière invisible à l'œil nu, sous forme de vésicules qui se dilatent et se dissolvent dans l'air dont la température s'élève, qui se condensent, sous l'action du refroidissement, et qui se transforment en nuage ou en pluie.

Les nuages, en raison de leur légèreté, s'élèvent plus ou moins au-dessus de la terre.

Les brouillards sont des nuages que leur densité plus grande retient dans les basses régions de l'atmosphère.

L'odeur fétide qu'ils dégagent indique qu'ils peuvent retenir et entraîner divers gaz qui, généralement, fertilisent la terre, mais qui peuvent provoquer la rouille des céréales, l'avortement des fleurs, et la fermentation des fruits.

Les pluies.

Les pluies sont dues principalement au refroidissement des couches d'air saturées de vapeurs d'eau et à l'action électrique des nuages.

Il pleut plus souvent dans le voisinage des grandes masses d'eau que dans les contrées arides, sur les montagnes que sur les plaines, et dans les localités couvertes de vastes forêts, que dans les lieux découverts.

Il pleut plus abondamment dans les pays chauds que dans les pays froids où, toutefois, il pleut plus souvent.

Là où il ne pleut ni presque jamais ni presque pas, se produisent d'abondantes rosées.

La chaleur et le froid.

La chaleur sans excès active les mouvements de la sève.

Elle aide aux transformations que ce liquide éprouve dans le végétal.

Elle ajoute à l'énergie reproductive des organes sexuels des plantes.

Elle favorise la maturation des fruits et des graines.

Elle est modifiée par les changements de latitude.

Elle diminue dans l'atmosphère, en raison de l'élévation du sol, et c'est la cause pour laquelle, sur une montagne, la température peut-être au bas brûlante, au milieu douce, et en haut glaciale.

Le froid produit des effets entièrement opposés à ceux de la chaleur.

Il contracte les corps que celle-ci dilate.

Le refroidissement et la congélation.

Pendant une nuit calme et sereine, les corps qui se trouvent à la surface du globe deviennent plus froids que l'atmosphère.

La raison en est que, dans l'échange de calorique qui s'établit entre le ciel et eux, ils émettent plus qu'ils ne reçoivent.

Certains corps, comme les parties herbacées des végétaux, mauvais conducteurs de la chaleur, jouissent particulièrement de cette propriété d'émission.

Aussi la vapeur d'eau répandue dans l'air se condense-t-elle à leur surface, pour produire la rosée ou la gelée blanche, d'où ce principe que la vapeur s'attache aux corps froids.

La rosée dont l'action est favorable à la végétation supplée, dans certaines contrées, comme je l'ai dit plus haut, au défaut de pluies.

La gelée blanche, en fondant trop promptement, enlève aux plantes assez de chaleur pour y occasionner de graves désordres.

La glace est une modification de la gelée blanche.

La neige se forme alors que, par suite du refroidissement subit de l'atmosphère, ses vapeurs aqueuses perdent une quantité de calorique plus que suffisante pour se condenser en gouttes d'eau.

Sa présence prolongée sur le sol pour lequel elle est un abri, est avantageuse aux cultures.

Les vents.

Tant que la densité de l'air est égale partout, l'é-

quilibre n'est point troublé, et l'air ne se met point
en mouvement.

Mais s'il devient un peu plus léger sur un point, il
s'élève.

Alors les couches les plus denses qui se précipitent pour remplir le vide ainsi formé, donnent naissance à des courants aériens.

Ces courants ne sont autre chose que les vents
dont si peu d'entre nous connaissent la cause.

L'art de découvrir les sources.

Place avec espoir d'y trouver plus tard de l'eau,
un pieu sur le lieu couvert de neige où tu remarques
que la neige ne tient pas, où le gazon la perce, et où,
par un temps sec et serein, tu vois en même temps
une vapeur.

La présence d'une source est également indiquée,
sinon prouvée, par les signes ci-après :

Au moment du printemps, les endroits où la neige
fond le plus vite, où la verdure apparait soit la première, soit avec la teinte la plus foncée, et où les
oiseaux d'hiver viennent se grouper.

La rosée aux environs des lieux qui en sont ordinairement privés, et la présence du givre, à la fin de
la saison.

Dans la région des plantes que l'été fane et jaunit,
un lieu plus riant, et une végétation plus vive et
plus fraîche.

Le champ où le blé est envahi par beaucoup d'herbes, où la plante talle sans monter en graine, où la
pousse est plus verte, plus petite et plus frêle qu'ailleurs, et où l'herbe coupée repousse le plus promptement.

La présence de l'aulne, du saule, des osiers, des
joncs, des roseaux, et, en un mot, des végétaux qui
aiment l'humidité.

Enfin, les vapeurs qui, par un soir serein, s'élèvent
à certains endroits.

Prends note de ces rudiments ; ajoutes-y les indi-

cations qui te seront fournies par l'observation et par
les livres ; interroge qui pourra te renseigner, et
suis du regard le trop impénétrable hydroscope dans
son étude des lieux ; ce sera pour toi un facile moyen,
en devenant toi-même hydroscope, de rendre d'immenses services à la contrée qui demande de l'eau
pour être féconde.

L'analyse des eaux irrigantes.

Je viens de puiser, à bonne source, des procédés
d'analyse des eaux, dont l'importance et la simplicité
captiveront ton attention.

L'eau séléniteuse est celle qui contient en dissolution du sulfate de chaux ou gypse, et qui, par ce
motif, ne peut servir à la cuisson des légumes.

Introduis dans une carafe en verre transparent, un
décilitre d'esprit de vin, et deux décilitres d'une
eau supposée séléniteuse ; ferme, agite, abandonne
au repos, et si le liquide perd sa limpidité, sois sûr
qu'il renferme du gypse.

Voulant savoir si l'eau renferme des silicates alca-
lins, ce qui arrive à certaines eaux des terrains granitiques, fais évaporer à une chaleur très-douce, et
dans une casserole étamée, deux litres d'eau jusqu'à
ce qu'il n'en reste plus qu'un dixième ; verse dans
une capsule en porcelaine ; continue à faire évaporer jusqu'à réduction à deux ou trois cuillerées, et
si, en versant un peu de ce résidu dans du jus de
violettes, tu vois celui-ci verdir, c'est une preuve que
l'eau est alcaline, et qu'elle est excellente pour l'arrosage des prairies.

Si, au lieu de verdir, le jus rougit, l'eau sera
acide et par conséquent peu favorable à l'irrigation,
à moins que tu ne la fasses passer sur de la chaux.

Tu reconnaîtras facilement si une eau réduite par
l'évaporation à un très-petit volume, contient des
matières organiques, des sels ammoniacaux ou des
nitrates, substances communiquant à l'eau de hautes
qualités fertilisantes.

Si, dans le mélange d'une portion du résidu desséché avec une pincée de chaux éteinte, il y a dégagement d'ammoniaque, reconnaissable à l'odeur, la présence des sels ammoniacaux sera prouvée.

Enfin, si tu mêles la dernière portion du résidu avec de la couperose verte, et si tu arroses le mélange avec de l'acide sulfurique très-pur, la masse prendra une couleur rosée qui pourra se foncer jusqu'au chocolat, et accuser ainsi la présence de nitrates.

Les moyens de prévoir le temps.

Les moyens de prévoir le temps consistent dans la connaissance des indices et des signes de vent, de tempête, d'orage, de chaleur, de calme, de froid, de gelée, de brouillard, de pluie et de beau temps.

Ces indices et signes se tirent du baromètre, du thermomètre, des girouettes, de l'hygromètre, du soleil, de la lune, des étoiles, des nuages, des brouillards, du vent, des crues d'eau, des animaux, des végétaux, des corps inanimés, et de l'étude des dictons locaux qui résument les observations et l'expérience de tes aïeux.

D'un petit livre qui te les indiquerait, tu retirerais d'incalculables avantages, en ce que, dans une foule de cas, tu te tromperais de peu sur le temps qui approche, et te trouverais, par suite, en position de pouvoir avancer, accélérer ou retarder tes travaux en conséquence.

Au reste, ce qui vient d'être dit trace le cadre et la division par chapitres de l'opuscule qui me semble t'être indispensable.

La géologie.

Vois-tu cet étranger frapper de son marteau, à coups redoublés, sur ce mur de clôture, et, de temps en temps, suspendre ses efforts, pour contempler l'objet méprisable à tes yeux qu'il vient de découvrir dans le cœur de la pierre?

5

Propriétaire du mur, ou bien garde champêtre, n'entre pas en colère, et ne trouble pas ce délinquant pour cause d'utilité publique.

En effet, il n'est ni un vandale, ni un pauvre d'esprit, comme certains le croient.

C'est le pourvoyeur de ton musée ; c'est l'agronome en tenue de touriste ; c'est le géologue, savant modeste et dévoué, dont je veux te faire faire la connaissance.

Assuré par la foi scientifique contre le froid, le chaud, la pluie et les frimas, il explore avec une attention profonde le lit de la rivière, la carrière, la caverne, la mine, le mont qu'il escalade avec la légèreté du daim, et le roc où il pend avec la chèvre.

Ainsi placé à l'avant-garde du progrès, il cherche l'être ou le végétal fossile, et en d'autres termes, la médaille caractéristique des âges venus après celui où cette terre était incandescente.

Il constate que pas un reste de l'homme d'avant le déluge ne répond à l'appel de la science, quand chaque assise de calcaire présente intact l'être microscopique datant de plus de cent mille ans.

Il voit et montre Dieu dans chaque grain de poussière.

Il expose à tes regards, dans le musée, ce qui ayant été, a disparu sans laisser de descendance.

Il grandirait Moïse, si cela était possible, en confirmant, comme il le fait, ce que le saint législateur dit de la création.

Puis, en ce qui te concerne, des étages dont il compose l'écorce de ce globe, il extrait des trésors qui, sous le nom d'*amendements*, concourent avec l'engrais à rendre le sein de la terre intarissable.

Les travaux de salubrité.

La cité, en ce moment, se montre travaillée d'un immense besoin de transformation matérielle.

La prospérité publique aidant, qu'elle continue d'élargir la rue, de se créer de nombreuses et gran-

des artères, de remplacer la masure par la maison
confortable, d'éloigner de son sein les immondices,
d'instituer des lavoirs publics, et de rendre le bain
peu dispendieux.

Si elle le fait, elle offrira à la campagne un exemple fécond en résultats d'extrême utilité.

L'habitation, l'écurie, l'étable et le réduit se trans-
formeront à leur tour.

Le marais sera desséché.

Les maladies de l'homme et des animaux seront
moins nombreuses, moins fréquentes et moins graves.

La vie moyenne de l'un et des autres s'allongera.

Le bétail se multipliera.

Un surcroît de salubrité amènera un surcroît d'aisance.

Que dis-je ? La moralité publique s'améliorera.

En effet, la vie matérielle est faite d'air et de propreté.

La cité ne prévaut sur le village qu'à la condition
de lui apprendre à aller en avant.

Et l'étroite, sale et malsaine demeure est habitée
par le mauvais conseil.

Médite bien ceci, car sans salubrité, point d'avenir
à la fois matériel et moral.

Au reste, le Dieu dont ta mission est de te rappro-
cher, n'est-il pas la pureté dans sa plus haute acception ?

Qui dit *pur* ne dit-il pas *parfait* ?

Encore un mot. Sur un sixième du sol français, la
population est maladive, la fièvre intermittente est
endémique, et les décès dépassent les naissances !

La vaine pâture.

Il y a quelque chose de plus nuisible encore à l'a-
griculture que les maladies et les ennemis qui la dé-
solent à de certains moments ; c'est la vaine pâture.

Elle est un obstacle énorme au progrès agricole
qui a si besoin de liberté.

Elle a été établie à une époque où les systèmes de

culture et la situation économique différaient grandement de ce qu'ils sont aujourd'ui.

Elle a le grave inconvénient de permettre d'entretenir, sur la jachère du voisin, un bétail hors de proportion avec la terre où, en bonne justice, il doit être entretenu.

Elle empêche le troupeau de mourir de faim, plutôt qu'elle ne le nourrit.

Partout où elle existe, dit de Dombasle, il y a brigandage, les intérêts du pauvre étant sacrifiés à ceux du riche.

Aussi longtemps qu'elle subsistera, le sol des jachères n'appartiendra à son propriétaire que pour le labour.

Elle détruit la prairie, compromet le regain, et empêche l'irrigation et l'assainissement.

Elle offre aux bêtes, en été, une chétive nourriture, et, en hiver, un régime misérable.

Elle procure à la vache deux fois moins de lait que la stabulation.

Elle cause la perte de l'engrais.

Elle offre pour la France une charge plus lourde que pour l'Angleterre la taxe des pauvres.

Le bon sens public doit, en conséquence, à défaut de la loi, déraciner un usage aussi nuisible, sans profit réel pour personne, à l'amélioration générale des méthodes de culture.

Les terres improductives.

Les plus belles et les plus avantageuses conquêtes sont celles qu'on fait sur la nature.

Défrichées, les terres improductives qui existent en France nourriraient des millions d'hommes.

Le défrichement supprime l'exhalaison malsaine.

Pratiqué en grand, il parvient à prévenir l'inondation.

Il embellit le paysage qui rend si doux le souvenir du sol natal.

Il deviendrait la règle de l'exception si, comme en

Angleterre, le citoyen devenu riche se retirait à la campagne, pour s'y livrer à l'agriculture.

En Angleterre, en effet, les grands propriétaires fonciers prennent l'initiative des améliorations agricoles.

Ils ont fait les premiers frais du drain.

Ils ont créé une magnifique race chevaline.

Ils ont formé la race bovine par excellence.

Ils ont transformé l'espèce porcine.

Ils ont porté au plus haut degré de perfection, l'espèce ovine.

Ils ont donné au peuple deux fois plus de viande que, relativement, on n'en consomme en France.

Ils ont même entraîné leur reine qui surveille, à Osborne une basse-cour.

Serons-nous donc en France, où le chef de l'Etat défriche, moins Français qu'en Angleterre on n'est Anglais ?

La grande et la petie culture.

La petite culture (*propriété morcelée*), est celle qui rapporte le moins.

La moyenne culture rapporte plus que celle-ci, mais moins que la grande.

La grande culture n'a pas en aussi grand nombre que la petite, les bornages, les prises d'eau, et les servitudes qui sont une source de procès.

Elle a moins besoin de chemins, de murs et de haies.

Elle a plus la faculté de parquer son bétail.

Elle s'irrigue et s'assainit plus facilement.

Il lui est plus aisé de reboiser la montagne.

Elle peut endiguer la rivière.

Au reste, comme il n'y a rien d'impossible à un travail intelligent, il arrive souvent à la petite culture, parfaitement conduite, de présenter de merveilleux résultats.

La petite et la grande culture.

Voyant la grande culture s'enrichir par des procédés que ton peu de fortune semble t'interdire, tu te laisses décourager par l'infériorité de moyens de la petite culture, tu ne songes à faire à la grande aucun emprunt, et tu te condamnes ainsi à ne pas marcher.

Ton tort est grand.

Les meilleures machines et les meilleurs moyens sont les bras, la tête et le cœur.

Puis les procédés et les instruments qui sont la cause ou le prétexte de ta persistance à suivre les vieux errements, ne sont pas tous dispendieux pour toi, et d'ailleurs, en s'associant, plusieurs petits laboureurs peuvent se procurer les grands moyens de la grande culture.

Considère que le routinier est un homme qui va les yeux bandés.

Les machines.

La mécanique est la bienfaitrice du laboureur.

Les machines émancipent l'homme au profit de sa dignité, de son amélioration morale et de son bien-être physique.

Leur application aux travaux de culture et de récolte, crée entre la terre et l'homme une force intermédiaire qui le relève des dures nécessités de son origine.

Elles apportent une économie notable dans la main-d'œuvre, dans la force physique et dans l'emploi du temps ; elles donnent avec plus de fini, moins de déchet dans le rendement, et elles constituent ainsi un précieux élément de progrès.

Le plus sûr moyen d'entretenir la vie dans les campagnes, est de substituer, dans une mesure convenable, le travail des machines à celui des bras, et de remplacer ainsi la routine par la science digne d'occuper le temps, et d'intéresser l'esprit des hommes d'intelligence et d'instruction.

L'introduction des machines se produit si lentement, que le déplacement de bras qui s'en suit n'offre rien d'alarmant.

Tous les agriculteurs y ayant recours, il leur reste-
rait tant d'améliorations à faire, que, supprimée sur
un point, la main-d'œuvre pourrait se rejeter sur
un autre.

Elles sont non des concurrents, mais de puissants
auxiliaires.

A la grande propriété, les machines qui récoltent
mieux, plus vite, et avec le moins de frais.

A la petite propriété, les instruments dont la lenteur rend la récolte dispendieuse.

Mais rassurons-nous ; les instruments de celle-là
tendent de plus en plus à venir en aide à la moyenne
culture à laquelle, à son tour, la petite aura de nombreux emprunts à faire.

La Comptabilité générale.

La comptabilité générale est l'ordre dans les re-
cettes et dépenses, converti en science théorique et
pratique.

Rends-toi compte de ce que tu fais, dépenses,
empruntes et gagnes ; ce sera faire de la comptabilité.

Si, pour ne pas tenir de livres, tu prétends n'a-
voir de comptes à rendre à personne, reconnais cependant que tu en as à te rendre.

Quand Dieu, ce haut comptable que tu ne récu-
seras pas, semble, en se plaçant en toute chose d'où
il voit tout et conduit tout, te recommander l'ordre,
manqueras-tu d'ordre ?

Dans la grande culture, les dépenses en numé-
raire, les débiteurs et les créanciers, les diverses
cultures, le bétail, les dépenses du ménage, et le
personnel, exigent chacun un livre.

Dans la moyenne et dans la petite culture, ta comptabilité ne doit pas être telle qu'elle absorbe un te-
neur de livres.

En tout état de cause, tiens au moins un livre général.

Tu te trouveras bien de tenir un livre indiquant avec ses causes certaines ou présumées, le succès ou l'insuccès de tes travaux.

Comme dans l'industrie, et le commerce, procède, chaque année, à un inventaire général.

Les baux.

Le long bail décide le fermier à de généreux efforts.

Fermier dont le bail est court commence par se ruiner, et finit par ruiner la terre et le propriétaire.

L'avenir de la propriété est dans la prévoyance, la sagesse et l'équité du bail imposé au fermier.

Choisis, dans l'intérêt de la terre, le fermage en écus.

Pour que le bail avantageux soit renouvelé, sois bon fermier ou raisonnable propriétaire.

Point de bail, point de sécurité dans l'exploitation.

Avant de donner la ferme à bail ou de la rendre, préviens toute contestation par la reconnaissance constatée de l'état des lieux.

L'Hygiène.

La terre avec ses accessoires, les capitaux, la force, l'ardeur et l'intelligence ne suffit pas ; il te faut la santé qui repose sur des conditions dont les principales vont être indiquées :

Étudie dans les livres l'hygiène qui préserve contre les maladies, et surtout contre celles qui se produisent par ta faute.

Éloigne ta demeure du marais qui est malsain.

Garantis-la contre l'humidité et les mauvaises exhalaisons.

Aère-la souvent.

Évites-y les courants d'air.

Donne-lui une bonne exposition.

La course ou la marche excessive peut te causer de graves accidents.

Ruisselant de sueur, change de linge.

Il dépend du vêtement ou trop chaud ou trop froid de t'infliger une maladie grave.

Ayant trop chaud, ne bois pas d'eau avec excès.

Crains la fraîcheur extrême du soir.

Place sur le poêle ardent un vase rempli d'eau.

En état de moiteur, ne va pas te refroidir en un lieu frais.

Mouillé, ne laisse pas tes vêtements sécher sur toi.

Bois, en été, en petite quantité, et à petits coups, l'eau trop fraîche.

Ne te baigne, ni quand le soleil est ardent, ni quand tu as chaud, ni quand tu viens de manger.

Le rhumatisme est fils du refroidissement.

L'excès de nourriture indispose.

L'excès de sobriété ruine.

L'ivresse excessive donne la mort.

Le vin capiteux attaque les nerfs.

Les spiritueux en font autant.

L'absinthe rend fou.

Trop de travail use.

Le fardeau excessif estropie pour la vie.

L'indisposition négligée devient maladie.

L'imprudence met en danger le convalescent.

Mandé tard, le médecin trouve un homme perdu.

Les remèdes de charlatans aggravent l'affection.

La petite vérole emporte ou défigure l'enfant qui n'est pas vacciné.

Sans les soins, le remède est peu de chose.

Les bases d'un bon régime alimentaire sont le bouillon et la viande.

L'activité entretient la santé.

Evite les gaz mortels qui se développent dans la fosse profonde, dans la cuve où fermente la vendange, dans le grenier où est du regain récemment récolté, et dans l'appartement fermé où du charbon est allumé.

5*

La correction corporelle peut estropier l'enfant qui demande plus de soins que toi-même.

Le laisser seul est l'exposer à se blesser, à se brûler, à se noyer ou à s'empoisonner.

S'affecter d'habitude est risquer de durer peu.

La malpropreté engendre la vermine et les graves maladies.

La propreté, en même temps qu'elle entretient la santé, est si bien la leçon préparatoire de la vertu, que l'antiquité faisait de l'ablution la condition première de la réconciliation de l'homme avec la divinité.

Pour ne pas être pris au dépourvu, tiens chez toi en réserve tout ce qui te permettra d'attendre, pour toi ou pour les tiens, la venue de l'homme de l'art.

Cherche, dans le livre de médecine usuelle, ce que, pour ne pas être trop long, je me dispense de dire ici.

Cherche, te dis-je, car, observés, les préceptes de l'hygiène sont nos sauveurs.

Ces préceptes se résument dans un de ces trois mots : *soins, prudence* et *précautions*.

La ménagère.

L'épouse parfaite conseille, encourage, console, aide, et, en un mot, complète l'époux.

Chez la femme, la beauté doit passer après les qualités du cœur et de l'âme.

L'union intime et judicieuse de deux époux est l'abri le plus sûr contre l'ennui et l'infortune.

Bonne, douce et prévoyante, la ménagère s'assure un ascendant qu'un ton hargneux ou irrité rendrait insupportable.

L'homme qui s'est uni à elle a eu en vue d'avoir une confidente, une amie et une agréable compagne, mais non un maître ou une enfant à surveiller incessamment.

Elle doit avoir reçu, dans une honnête famille, une éducation si analogue et si sympathique à celle de son mari, qu'elle ne le prétende pas, soit heureux de l'avoir trouvée et obtenue, soit obligé de subordonner son libre arbitre au sien.

Ses goûts et sa mise doivent être simples, en harmonie avec sa position, et se tourner du côté de l'intérêt de la ferme.

Le propos du village doit la trouver indifférente.

Mère, elle n'a plus à songer qu'à Dieu, à son mari, à sa jeune famille, et à ses devoirs.

Elle reçoit, paie, vend et achète les menues denrées du ménage.

Elle tient, s'il est possible, le livre de ferme.

Elle nourrit et élève son enfant.

Elle coud, raccommode, blanchit, repasse, tricote ou file.

Elle prépare les aliments.

Elle entretient la basse-cour, le bétail et le potager.

Elle commande aux servantes avec le ton qui fait aimer, et qui produit l'obéissance.

Elle veille à ce que celles-ci se couchent de bonne heure, pour se lever matin.

Elle est la première levée et la dernière couchée.

Soigneuse, elle met tout à sa place.

Propre, elle fait tout reluire.

Econome, elle vaut de l'or.

Alerte, elle est un trésor.

Enfin, mère aussi tendre et prévoyante que bonne chrétienne, elle est la femme selon l'esprit de Dieu.

Malheur donc à la ferme qui manque de ménagère.

Les obligations de la ménagère sont renfermées dans le mot *devoir*.

Les valets de ferme.

Le bon maître, fait le bon valet.

Le bon valet fait encore mieux le bon maître.

Pour être, un jour, parfaitement servi, sers d'abord parfaitement.

Le bon garçon de ferme fait le riche fermier.

Le bon fermier fait du garçon de ferme un parfait laboureur.

Fais aussi bien que le maître alerte et expérimenté.

Fais mieux que le fermier qui fait mal.

Le mauvais domestique se place en mauvaise maison.

Il se gage à petit prix.

Il change souvent de maître.

Il regarde moins à la valeur du maître qu'à celle du gage.

Il n'a pas un centime à confier à la caisse d'épargne.

Il laisse là le bétail pour la bouteille et la querelle du cabaret.

Il veille tard pour se lever tard.

La désobéissance le rend insupportable.

Ses mauvaises mœurs le font chasser.

Chassé, il va chercher l'abrutissement dans les grands centres.

Quant au bon domestique, il s'égale à son maître, à force de bien servir.

Les intérêts de celui-ci sont les siens.

Son conseil est goûté.

De longs services en font, en quelque sorte, un membre de la famille, et si, un jour, il n'est pas devenu maître, une médaille est décernée, devant une multitude émue, à son intelligence, à sa probité et à sa fidélité.

Les servantes.

Il en est de la servante comme du garçon de ferme qui doit servir comme, étant maître, il voudrait être servi.

Bavarde, indiscrète, gourmande ou méchante, elle ennuie, trahit, trompe ou décrie ses maîtres.

Coquette, elle dépense son gage à se rendre aussi belle que sa maîtresse.

Légère, elle préfère à l'estime publique, les dangereuses fréquentations.

Vaniteuse, elle va se perdre dans la cité.

Avide de jouissances, elle finit par le vol et la prison.

Tout ce qu'il faut à la servante comme au garçon de ferme, est renfermé dans ce seul mot: *fidélité.*

Je dis *fidélité*, parce que le serviteur fidèle est alerte, laborieux, rangé, probe et pieux.

Le livret pour les serviteurs ruraux.

En bien des lieux déjà, l'expérience a démontré l'utilité, pour ne pas dire la nécessité du livret agricole.

Il assure de faciles rapports entre le cultivateur et le valet de ferme, en définissant à l'avance leurs obligations respectives.

Il force l'un et l'autre à la fidélité au contrat, en déterminant le salaire d'après une division basée sur l'importance des travaux de la saison.

Il indique la date d'entrée et de sortie.

Il énonce les à-comptes donnés.

Il est la substitution de la preuve écrite au privilége accordé par la loi au patron d'être cru sur parole.

Différent du livret industriel déposé chez le patron, comme garantie du travail, il ne quitte pas les mains du valet qui peut, à chaque instant, vérifier son compte.

En outre, il a égard tant aux divers modes de culture qu'aux coutumes locales relatives à la division du temps d'une année.

En effet, les travaux des champs ne sont pas réglés comme ceux de l'industrie.

Ils ne dépendent pas toujours de la volonté du cultivateur.

Ils sont le plus souvent subordonnés aux saisons, et aux intempéries de l'atmosphère.

Par suite, le travail, dans une ferme, ne peut être ni égal ni uniforme, en toute saison, comme dans la fabrique dont les ouvriers travaillent, tous les jours, le même nombre d'heures, et de la même manière.

Autres, étant les travaux des champs, le valet, après six mois d'hiver dans la ferme, ne doit pas, s'il la quitte au moment des grands travaux, recevoir la moitié du gage de l'année.

Tout au contraire, il n'a à être payé que d'après un tarif établissant la division par mois ou par séries de mois, du gage annuel.

Ce tarif est formé par le Comice ou par la chambre d'agriculture du centre agricole.

Il est obligatoire pour les parties, en cas de contestation portée devant le juge de paix.

A l'expiration du contrat de louage, le livret est acquitté.

Les dates d'entrée et de sortie suffisant pour indiquer au nouveau maître le serviteur auquel il a affaire, on n'y inscrit, pour prévenir de graves inconvénients, ni blâme ni éloge.

Il forme un titre précieux sur lequel l'ouvrier honnête peut s'appuyer ultérieurement.

L'obligation de le présenter est un frein capable d'arrêter le valet dans une mauvaise voie.

Il est une garantie contre l'inconvénient de voir le serviteur s'éloigner au moment des grands travaux.

Puisque les avantages du livret agricole sont tels, recommandons-le, et espérons voir la loi l'instituer.

La ferme-modèle.

La ferme-modèle est une excellente école d'agriculture d'où l'on sort, comme du collége, avec des connaissances à compléter par des études et une pratique ultérieures.

En effet, l'élève qui la quitte trouve ailleurs un autre sol, un autre climat, d'autres amendements, d'autres plantes, d'autres instruments, un pays différemment configuré, des frais de revient plus ou moins grands, et des débouchés plus ou moins faciles.

Chaque département devrait avoir sa ferme-modèle.

Les concours régionaux.

Le concours régional est, pour une circonscription composée de plusieurs départements, la constatation des exemples donnés, et l'exhibition, en fait d'animaux, des races perfectionnées et des sujets d'élite, en fait de produits, de ce qu'il y a de plus beau, et en fait de machines, de ce qu'il y a de plus parfait.

Les notabilités de l'agriculture sont là ; de hauts fonctionnaires président et jettent des paroles d'encouragement ; une multitude recueillie assiste à cette communion d'exemples, de races d'animaux, de produits, d'instruments du travail et de perfectionnements ; les yeux se fixent sur une magnifique coupe d'or ; le grand prix est décerné au plus digne ; les serviteurs ruraux, ayant marqué par leur intelligence et leur fidélité, sont couronnés ; des larmes coulent, et les départements se quittent, se tendant la main, et se promettant de se rencontrer dans de nouveaux concours.

Espérons mieux encore : car on parle de créer le concours général qui embrasserait tout l'empire, ou au moins le concours pour chacune des grandes divisions territoriales du midi, de l'est, du nord, de l'ouest et du centre.

Le concours régional est le couronnement de ceux qui sont ouverts pour un département, un arrondissement ou un canton, par les sociétés savantes ou les comices agricoles.

Les sociétés savantes.

Le but, l'utilité et la nécessité des sociétés savantes agricoles ou semi-agricoles, ressortent de nombreuses considérations.

Les sociétés savantes sont l'enseignement public de l'âge mûr.

C'est faute d'un enseignement de l'âge mûr, organisé sur des bases assez larges, que certains prennent la terre en aversion, ou ne se doutent pas de son importance, que la justice frappe et flétrit souvent, que l'utopie politique continue sourdement ses ravages, qu'il est de plus en plus des accommodements avec la bonne foi, que le vieillard meurt moins éclairé qu'étant adulte, et que la paresse conduit si fréquemment à l'attentat.

La société savante est la ligue du bien contre le mal.

Elle est la lumière supprimant la nuit dans le département.

On y trouve une légitime satisfaction pour le besoin d'activité qui est le caractère essentiel de notre époque.

Devant le mouvement d'idées qui se produit, elle est le prisme de cristal qui, recevant la lumière, dans son éblouissante unité, la réfracte, la divise et la modifie, pour la transmettre à chaque travailleur, sous la couleur et avec l'intensité qui conviennent à ses besoins.

L'association puise dans la discipline et le désintéressement, la force à laquelle rien ne résiste.

Conçue dans l'esprit de la religion, de la morale et de la loi, elle est la condition du progrès rapide et grandiose.

Elle veut le sacrifice.

Le concours absolu du pouvoir lui est matériellement et moralement indispensable.

L'aide et la présence des sommités sociales lui communiquent la seule impulsion qui puisse quelque chose contre la force d'inertie de la routine, de la paresse et de l'égoïsme.

Les prodiges sont fils du travail en commun.

Le contact des hommes, en usant leurs défauts, rend plus saillantes leurs qualités.

La discussion affectueuse et de bon ton retrempe ou suscite le savoir.

L'émulation, en décuplant les forces de l'associé, décuple celles de l'assemblée ainsi mise à même d'exercer sur les masses la pression transformatrice qu'elle a en vue.

Les petits ne font jamais mieux, et ne suivent jamais plus constamment la ligne droite, que quand les grands sont là pour leur montrer le mieux, et leur indiquer la ligne.

En matière de progrès, l'exemple isolé est un roseau, et le faisceau d'exemples, un chêne.

L'exemple descend plus qu'il ne monte.

On doit apprendre à faire à qui ne sait comment faire.

Celui à qui l'on prouve qu'il peut mieux faire, fait mieux.

Le voyageur averti évite le précipice.

Dire est semer.

Écrire est planter.

Publier est cultiver, dans le but de récolter pour soi et pour les autres.

La société savante ne prospère et grandit qu'à certaines conditions dont l'oubli la précipite et la perd.

Il lui faut de savants et zélés officiers.

Elle ne doit s'affilier 'que des membres d'un mérite connu et constaté.

Son but l'oblige à préférer à celle d'en haut, l'idée d'en bas qui est meilleure.

Elle a, non à cuber le volume, mais à apprécier l'essence des productions qui lui sont présentées.

Son intérêt bien entendu est de ne laisser ni les lettres, ni les arts, ni les sciences chercher, dans son sein, à s'exclure mutuellement.

La parole, dans ses publications, ne peut, sans danger de décourager la majorité, être toujours accordée aux mêmes membres.

Trop maigres, ses journaux risqueraient de la déconsidérer.

Elle témoignera de la largeur de ses vues, en se préoccupant de la destination plutôt que du chiffre du sacrifice à faire, et surtout en s'empressant, si elle est riche, de publier toute œuvre éminemment utile.

Ses membres feront preuve, les jours de réunion, de cette extrême exactitude qu'on appelle la politesse des rois.

Elle mettra tous ses soins à se concilier les sympa-
thies des hautes autorités.

Elle ne cessera d'avoir en vue, dans ses travaux,
le progrès de l'utile ou du beau, et le bien de la religion, de la famille et de l'Etat.

En ce qui concerne l'art agricole, elle recomman-
dera, et surtout, elle tâchera, pour en rendre l'effet
plus décisif, de centraliser fortement les travaux des
comices.

Enfin, ses choix de récompenses seront judicieux,
et elle primera plutôt les bons ensembles que les
beaux détails.

Heureux sera le département où se sera formée une
société savante bien composée et bien organisée;
le progrès des idées d'ordre et de la richesse publique y sera rapide.

Les comices qui publient.

Ils suivent de près les sociétés savantes quand le
bulletin, mensuellement publié, s'alimente d'articles
d'une portée sérieuse, et rédigés par les membres
eux-mêmes.

M'exprimer ainsi est dire que les emprunts à d'autres publications doivent être rares.

Le comice que j'ai vu à la fois fonctionner le plus
utilement, et promettre le plus, pour le cas où il aug-
menterait le volume de son bulletin mensuel, est
celui du chef-lieu du Jura, auquel j'ai l'honneur
d'appartenir.

Le comice est l'école mutuelle du laboureur.

Il fait pour qu'on fasse.

Il glorifie la vie rurale et la dirige.

Il apprend la bonne nouvelle.

Il analyse, pour en indiquer la valeur, les amendements qui lui sont présentés.

Il empêche le bon exemple de se perdre.

Il sème l'idée qui doit produire le fait.

Il fait passer, dans les cantons qui le composent, le
mot d'ordre du progrès.

Il signale l'avènement de l'instrument perfec-
tionné.

De la torpeur, il fait sortir l'activité.

Enfin, il offre à la notice du laboureur illettré, la
forme qui est le laissez-passer du fond, et dont le
manque absolu empêche d'aboutir ou de se produire
tant d'idées mères.

Les comices qui ne publient pas.

L'enseignement du comice qui ne publie pas se
perd.

Son silence empêche de le connaître, et nuit à l'é-
mulation que son devoir est d'exciter.

C'est être bien indulgent pour lui, que de regarder
comme à demi perdue la subvention qui lui est
faite.

Les comices se bornant à produire une liste de bestiaux primés.

Se réunissant uniquement pour le choix des bestiaux à primer, ils font peu pour l'institution, s'ils ne
la déprécient.

Que la subvention leur soit légère, en faveur du
pompeux discours qu'on prononce, et de la musique
qui se fait entendre, le jour de la distribution des
primes !

Cependant, dans notre foi au progrès, providence
pour laquelle les voies lentes valent souvent les rapides, espérons un remède au grave état des choses.
Le lien de centralisation bienveillante par lequel le
ministre vient de se rattacher les sociétés savantes,
sera proclamé lien d'autorité, et le mot, une fois dit,
une volonté gouvernementale constituera, sur des
bases larges et durables, au centre de chaque département, la société savante qui, envisageant l'agriculture, du point de vue élevé et défini qu'elle
réclame, emportera utilement, dans son orbite, tous
les comices.

Ce jour, une fois venu, mon cher lecteur, l'Empire sera une fourmilière de travailleurs; le paysan, voyant tous les trésors inexploités de la terre de France, ne dira plus adieu aux champs qui l'ont vu naître, et nous verrons, je t'en réponds, de grandes choses.

Si je me trompe en plusieurs points, sépare l'ivraie du bon grain, et surtout, sois indulgent; il est si difficile de ne pas s'abuser, quand il s'agit du bien du pays qu'on aime par-dessus tout!

Données économiques.

La surface de la terre reste la même, mais sa valeur augmente ou diminue.

Dans la morte saison, sois charron, menuisier, forgeron, maçon et terrassier; le premier économisé est le premier gagné.

Fais des chemins, plante des haies, creuse des fossés, crée des canaux d'irrigation, défriche le terrain improductif, déterre et prépare des amendements, et porte au fumier.

Lis et commente, à la veillée, le livre d'agriculture rempli d'adages.

Dieu donne à l'instrument manié avec ardeur, le don de miracle.

Ce n'est pas la terre ni la bête de labour qui ne vaut rien; c'est toi.

Travailler est fumer.

Semer est récolter.

Récolter est pouvoir se passer de l'emprunt.

Malheur au laboureur qui préfère le fusil ou la ligne à la charrue.

Ne pas sortir du champ est fixer le bonheur et l'aisance sous son toit.

En agriculture, l'envie ne fait pas faire un pas.

Combien de laboureurs as-tu vu s'enrichir par le procès? — Combien en as-tu vu gagner à courir foires et marchés?

Quelle instruction puise-t-on au fond de la bouteille?

L'ignorant plante le chou là où il faut la rave.

Commençant par l'aisance, il finira par la misère.

L'ignorance est la cause de ta résistance à la suppression du parcours, de la vaine pâture et de la jachère.

Elle est une des causes de l'émigration rurale, car on quitte le métier sans profit.

Elle te fait voir de mauvais œil la voie ferrée et l'expropriation pour cause d'utilité publique.

Elle livre ton avenir au premier venu.

En te rendant brutal, elle crée le vide autour de toi.

Les mauvais livres et le journal sans portée se joignent à elle pour te donner le coup de grâce.

L'esprit de propriété et de famille donne une force incalculable.

L'étude décuple, à la longue, les facultés.

Elle donne la lumière aux millions d'hommes qui en ont besoin.

Elle te rend familière les lois qui régissent le développement de la fortune publique et privée.

Elle t'apprend, par exemple, que les récoltes absorbent les sucs nourriciers contenus dans les sols, en proportion directe de la substance nutritive qu'elles-mêmes renferment, surtout dans leurs grains, et qu'on peut retrouver dans le sous-sol une partie du calcaire que le champ a perdu.

Elle fait l'autorité municipale qui est la providence de la commune.

D'un pays pauvre, elle fait une riche contrée.

On ne se fait pas fermier comme on se fait casseur de pierres.

Pour arriver à l'aisance, tu laisses la terre qui t'a nourri, et tu te débarrasses de l'amitié, de la simplicité et des nobles élans qu'après avoir échoué, tu ne retrouves plus.

Vois donc ce qu'en agriculture peut la puissance mue par une grande âme : les Landes, la Sologne et un point important de la Champagne pouilleuse viennent de se transformer sous une auguste main.

L'agriculture présente un sein inépuisable, à qui l'honore, la recommande et s'y dévoue ; exemple : le département du Nord où près de deux hommes sont nourris par chaque hectare d'un sol composé, à un tiers, de bois, de marais, de terres improductives et de cultures industrielles.

L'agriculture qui nourrit les populations, en règle par cela même le nombre.

En multipliant les denrées alimentaires, elle fait une plus large part à chacun de nous, et accroît ainsi notre bien-être.

La terre est un livre qui dit tout, et où, seuls, le travail, l'intelligence et la science lisent couramment.

La pacifique armée de l'agriculture devrait compter autant de bons officiers et de bons soldats que celle qui porte le mousquet.

On doit pourtant être amoureux de l'agriculture en homme sensé, c'est-à-dire, sans les entraînements de la folie et de la passion.

L'agriculture et l'industrie, au lieu de s'exclure, se prêtent un mutuel appui.

L'industrie que nourrit la terre ne peut s'étendre sans l'agriculture.

Plus la première prendra de bras à la seconde, plus celle-ci aura de machines à créer ou de procédés à perfectionner, et plus le désert aura chance d'être habité et productif.

L'industrie ne s'étendra indéfiniment que s'il en est de même de l'agriculture qui nourrit les multitudes que celle-là emploie, et lui fournit les matières premières dont elle a besoin.

Sans le bon laboureur la famine viendrait.

La disette est un fléau, mais elle a pour effet de stimuler l'agriculture, et d'accroître ainsi, pour l'avenir, la production des denrées alimentaires.

Si tu veux être un excellent cultivateur, ne te contente pas d'étudier et de te dévouer : voyage.

La prudence agricole, en général, te commande d'améliorer peu-à-peu, et de ne pas aller au but par un unique élan.

En faisant de trop fortes avances à la terre, crains de la voir te redevoir longtemps.

Tout bouleverser d'un coup, pour avoir tout à bouleverser à la fois, est une opération dangereuse.

Avant de les appliquer, expérimente les procédés nouveaux.

N'entreprends pas sans avoir réfléchi ou consulté.

L'entreprise n'est rien, et le succès est tout.

L'essai en grand, s'il ne réussit pas, est ta ruine.

Pour conserver le serviteur qui t'enrichit, paie bien et traite bien.

Travail bien commandé sera travail bien fait.

Le défaut d'ordre réduit à rien les plus gros bénéfices.

L'exécution des petites choses assure l'accomplissement des grandes.

Dépense judicieuse produit de l'or.

La tirelire a une bouche qui te dit : emplis-moi.

Le courage fait l'ouvrage.

Les défaillances ne sauvent personne.

La foi agricole peut seule nous sauver, en nous élevant au-dessus des difficultés et des découragements.

Une volonté ferme déterre les trésors que, sans s'en douter, l'ignorance et la routine tiennent enfouis.

Appliqué à la terre, l'esprit d'initiative fait les grands hommes, les grands souverains et les grands peuples.

Toute grande chose, même en agriculture, peut commencer par un grand rêve.

Un rêveur a trouvé la vapeur qui s'apprête à entrer dans la grande culture.

Plus la production s'élève, plus le sol se fertilise.

la culture avancée procurera seule la vie à bon marché.

D'abord décriées par la routine, les hautes conceptions agricoles finissent par prévaloir.

De l'amélioration ou du déclin de l'agriculture, date la prospérité ou la décadence des empires.

Intelligentes, les spéculations agricoles offrent un

élément de fortune aussi fécond que celles qui ont pour objet les superfluités du luxe.

En France, nous avons trop le tort de nous attacher uniquement aux opérations bonnes ou mauvaises qui présentent une chance de réalisation immédiate.

Les bases principales de toute exploitation agricole parfaite sont l'amendement, l'engrais, le bétail, le pré, l'emploi des machines et les longs baux.

En matière d'agriculture, mille discours ne valent ni cent préceptes ni dix exemples.

Le meilleur cultivateur est celui qui obtient toujours le rendement le plus élevé.

Il faut à la terre le crédit agricole bien organisé.

Sans argent, tu ne peux attendre le moment favorable à la vente.

Sans capitaux, point d'amélioration à tenter.

Le capital est le rédempteur de l'exploitation agricole.

Emprunte pour fertiliser ta terre, mais non pour l'unique plaisir d'acheter de nouveaux champs.

Le laboureur qui doit moitié de la valeur de son domaine a besoin de prodiges pour se tirer d'affaire.

Le gros tas de fumier permet l'achat de nouveaux champs.

Envoie tes produits là où ils se vendent le plus avantageusement.

Vends-les, pour vendre vite, là où le besoin de prix plus modérés se fait sentir.

Le pays qui publiera le prix moyen de ses produits de toute espèce, sera visité par le commerce.

C'est à l'étendue des débouchés que doit se mesurer celle des efforts agricoles à faire.

Il y a pour un pays un grand intérêt à demander son approvisionnement en presque toutes choses, à ses propres ressources.

Ne tirons pas des pays éloignés ce que nous pouvons obtenir sans trop de difficultés.

La ville est le débouché de la campagne.

C'est par le prix de revient, et non par le produit brut que tu jugeras de la valeur de ta récolte.

Toute différence d'équilibre entre les niveaux de l'industrie et de l'agriculture est une crise à conjurer.

Le chemin de fer nivelle les prix des denrées alimentaires de première nécessité.

Plus les moyens de transport seront nombreux, moins ta récolte risquera d'attendre trop longtemps un acheteur, ou de ne pouvoir être conduite promptement à la halle.

Les communications multipliées, faciles et rapides sont au transport des produits agricoles ce que la télégraphie est à la transmission de la pensée; elles promettent à l'agriculture un magnifique avenir.

En agriculture on ne fera rien sans le propriétaire.

Le propriétaire, s'il connaissait l'économie agricole, préférerait le bon fermier au gros fermage.

Il aiderait celui-ci, au lieu de le pressurer.

Il en ferait, au besoin, un associé.

Il voudrait un long bail : car, par exemple, fermier dont le bail est court n'a pas recours à la marne dont l'effet est lent à se produire.

Même n'ayant stipulé qu'un fermage en écus, il jetterait souvent sur les cultures, ce coup-d'œil du maître qui encourage ou maintient le fermier.

Il y a plus de mauvais donneurs et de mauvais preneurs à bail que de mauvaises terres.

Vends beaucoup pour gagner peu sur chaque objet.

Beaucoup de petit profits t'en feront un grand.

Aie toute ta raison, dans l'achat et la vente.

Livre des produits non falsifiés.

Prends tes précautions moins encore contre le voleur que contre le falsificateur qui, à la fois vole et empoisonne.

Tiens le marché conclu, même verbalement.

Le fripon seul ne le tient pas.

Le spéculateur que tu appelles accapareur, pouvant être, sans y songer, un créateur de greniers d'abondance, ne te hâte pas trop de le maudire.

L'association agricole bien organisée produit de merveilleux effets.

Elle n'induit personne en perte, et chacun gagne plus qu'en s'isolant.

L'association à deux permet à l'un de compléter l'autre.

Les avis sont partagés sur la question d'importation avec ou sans droit protecteur, des blés de l'étranger.

La France est accusée de donner, à l'extrême préjudice de la viande, une part excessive à la culture du blé. Est-ce à tort ou justement?

Les animaux primés aux grands concours le sont non comme produits économiques, mais comme types de force, de légèreté, de beauté, de volume, de viande, de graisse, de lait, de précocité, de bel ensemble, et en un mot des qualités qui font l'espèce où les reproducteurs mâles et femelles doivent être choisis.

Sur un bon sol, la ferme modèle est peu utile, et sur un mauvais sol, elle est dispendieuse.

Toutefois, rassurons-nous : elle ressemble au vaisseau-école qui, mauvais pour la guerre, fait d'excellents marins.

Ne crée en grand que ce que l'expérience te démontre être utile, et, par exemple, abstiens-toi du drainage qui n'est pas assez parfait, qui est trop dispendieux, qui supprime trop l'eau tenant en dissolution des sels fertilisants, et qui te force à adjoindre à tes fumiers trop de guano, de nitrate de soude, de nitrate de potasse, d'os de toute espèce, et de tourteaux de graines grasses.

Heureux le laboureur qui n'achète pas son bois.

Heureux le pays où l'on n'entre pas en ferme, en fin d'avril.

Heureuse la cité qui n'aura qu'un champ de foire, au lieu de trois ou quatre !

Celui-là sera économiste qui saura apprécier la

quantité et les qualités nutritives des fourrages à livrer aux animaux.

Maintenant reconnais-tu que les combinaisons financières qui ont porté si haut notre industrie, peuvent trouver un élément de fortune dans les spéculations agricoles?

Courage et espérance, cher laboureur! L'idée, à
la voix du souverain qui te veut tant de bien, quitte
décidément la politique et le roman, pour se vouer à
la terre, devenant mécanique, chimie, géologie et
récolte, instituant les grands concours et les expositions publiques, rattachant au ministre, par un lien
préparatoire d'un lien d'autorité, les sociétés savantes, donnant à celle-ci, pour satellites, les comices
transformés, et rendant de plus en plus sœur de l'a-
griculture, l'industrie dont les progrès et la richesse
sont ton ouvrage.

Le laboureur qui s'entend en économie agricole.

S'il n'a des capitaux, il recourt facilement au crédit.

Il s'appuie, en ce qui concerne les amendements
et les engrais, sur les principes de la chimie.

Il tire d'immenses ressources de l'engrais vert.

Il emploie la prairie artificielle à compléter l'œuvre
du pré naturel.

Avec ce que dédaigne le cultivateur, il fabrique
des composts qui font merveille.

Il a des fosses à purin.

Il désinfecte la mare et l'étable.

Il ne laisse sans emploi ni minéraux, ni dépouilles
animales, ni résidus de fabrication.

Il dédommage la terre des vols de la récolte.

Il repose le sol par des cultures non épuisantes.

Son système de rotation supprime la jachère.

Il parque son bétail.

Il use largement de la strabulation.

Il draine et irrigue.

Il a au moins moitié de ses terres en pré.

Nombreux, choisi, bien logé, bien rationné, bien soigné, bien traité et bien gardé, son bétail est rarement malade.

Il améliore ses animaux par voie de croisement judicieux ou de sélection.

Il ne fatigue pas l'animal reproducteur.

Il veille à l'approche du part.

Il entoure de soins les jeunes animaux.

Il pratique l'écobuage là où il doit bien faire.

A l'aide du colmatage, il convertit le sol improductif en terre fertile.

Il défriche, dès qu'il en a le temps.

Il nettoie parfaitement le champ.

Il acclimate les végétaux exotiques utiles.

Il s'assure des débouchés.

Il achète et vend à propos.

Il augmente, par la division, la valeur nutritive des fourrages et des racines.

Il sait que, non compris le fumier, ses animaux femelles produisent annuellement, la vache de trois cents francs, 175 francs, la brebis de 20 francs, 21 francs, et la truie de 120 francs, 150 francs.

Il n'ignore pas ce que, de son côté, chaque mâle rapportera.

Il porte remède aux maladies, et fait la guerre aux ennemis des plantes.

Il se procure les meilleures graines.

Dans ses travaux de récolte, il paie relativement, grâce surtout aux machines, peu de main-d'œuvre.

Il ne laisse rien se perdre.

Après la récolte, il sait conserver.

Il prépare, dans la mauvaise saison, les travaux des beaux jours.

Il substitue avec avantage, pour les travaux, le bœuf au cheval.

Il tient la laiterie, la fromagerie et la basse-cour, avec les soins les plus minutieux.

Il a des valets de choix et une bonne ménagère.

Il est propriétaire, ou obtient de longs baux.

En un mot, il prime le laboureur peu avancé par

tant d'avantages, que je ne sais comment celui-ci se tirerait d'affaire, sans un travail opiniâtre accompagné de dures privations.

L'esprit et le bon sens, en économie agricole.

Observe attentivement deux hommes que voici :

Tu reconnaîtras vite que la ruine de l'un, comme la prospérité de l'autre, a une cause très naturelle.

Le premier parle, écrit, forme des projets, calcule avec facilité, apprécie parfaitement, excelle à prévoir, et répond pertinemment à tout.

Il a de l'esprit.

Il se ruine pourtant.

Le second a le coup-d'œil, le jugement et la parole moins rapides ; mais il voit plus loin, plus profondément, plus sûrement et avec plus de justesse.

Il ne peut opposer ni calculs à calculs, ni raisonnements à raisonnements ; mais le discernement, développé en lui par l'observation et l'expérience, l'avertit d'une manière à peu près infaillible.

Ses facultés se résument en une seule : le bon sens dont l'esprit est la contrefaçon.

Il s'enrichit.

Si l'économie agricole te semble valoir la peine d'être étudiée, aie toujours présente à l'esprit cette comparaison.

L'émigration rurale.

L'émigration agricole, telle qu'elle se produit depuis assez longtemps, est pour une foule de bons esprits une cause de vives alarmes ; mais elle me semble s'expliquer par des considérations susceptibles de nous tranquilliser.

En effet, l'avènement de la voie ferrée a forcé le roulage, dont le personnel se recrutait à la campagne où il faisait d'ailleurs peu de culture, à aller chercher dans la cité d'autres moyens d'existence.

L'agriculture a, comme les autres professions, son

surcroît d'adeptes à fournir à la science, à l'art et
à la littérature qui, plus cultivés, paient à la terre,
en moyens et en bien-être, ce qu'ils lui doivent.

Le commerce, pour mieux remplir son rôle de
pourvoyeur de toutes les classes de la société, a besoin d'un personnel qui, de plus en plus nombreux,
doit être pris partout.

L'industrie ne peut se développer, sans plus de
bras, qu'elle est libre d'emprunter à l'agriculture.

Les régies financières n'ont pas à s'inquiéter d'où
doit leur venir le surcroît d'agents destiné à achever
d'assurer l'impôt et le contrôle.

Des passions politiques et de mauvais penchants
à surveiller avec plus de succès, plus de mesures d'é-
dilité, plus de déplacements à épargner aux justicia-
bles, et plus d'intérêts à mettre d'accord, veulent
plus d'agents et de magistrats qui n'ont pas de certi-
ficats d'origine à produire.

Plus de villageois ont à passer du sillon dans l'armée, accrue par le besoin de la sécurité et du pres-
tige du pays.

La ville ne peut, à elle seule, fournir à la marine
l'augmentation de matelots qu'il lui faut pour transporter plus de voyageurs sur les plages lointaines, et
pour lutter, à l'occasion, avec succès, contre les flottes de puissants voisins.

La cité devenue coquette, ne voulant plus de sa
vieille robe, n'a pas assez de bras pour se rebâtir.

La banlieue de la France, l'Algérie, qui sollicite
des leçons et des exemples agricoles, est une terre
où le laboureur ambitieux espère devenir riche propriétaire.

Bien des pionniers, dans les contrées aurifères, sont
enfants du village.

La ville et le chantier de la voie ferrée attirent le
méchant valet de ferme, le mauvais fermier, l'agriculteur sans ordre, et le travailleur plus inspiré par
la cupidité que par la prévoyance.

Faute de lumières, le laboureur persuadé que la
vie plumitive est, de toutes, celle qui procure le plus

de jouissances et de considération, se ruine à faire faire à son fils des études défectueuses, qui auront simplement pour effet de le déclasser dans le milieu dont il se sera épris.

Les salaires industriels valent à l'usine et à la mine de nombreux travailleurs bons ou mauvais qui, ne connaissant pas le revers de la médaille, paient de leur santé ou de leur moralité l'abandon du toit rural.

La société ou le bureau de bienfaisance, la médecine gratuite et l'hôpital n'existant pas au village, le journalier besogneux ou peu actif va les chercher dans le grand centre.

Le laboureur flétri par la justice ose de moins en moins revenir au village.

L'introduction des machines compense et au-delà la perte de bras qu'elle occasionne à la culture.

Plus les instruments du travail mécanique industriel se multiplient, moins l'industrie exige de bras de la campagne.

Enfin, plus la diffusion des lumières permet au commerce et à l'administration de bien choisir leurs agents, moins il leur en faut, et, partant, moins ils sont obligés d'en tirer de la campagne.

Somme toute, Dieu qui est le sage et le savant par excellence, a su ce qu'il faisait, et même nous a bien servis, en empêchant ce siècle de ressembler à ceux où, clair-semées, les villes étaient de petits points où il fallait de bons yeux pour voir poindre la science, les arts et la littérature qui font aujourd'hui de nous le peuple le plus grand et le plus heureux du monde.

En tout état de cause, la campagne retrouve en forces morales presque l'équivalent de ce que les grands centres tendent à lui ôter en forces physiques, car, dans les crises sociales, son calme relatif tient à l'émigration des mauvaises natures.

En d'autres termes, le progrès agricole perd tout au plus, en forces nettes, la moitié des forces brutes qui l'abandonnent, et, en admettant, cette proportion, la question se réduit à prévenir, dans la mesure du possible, le déficit réel grossi à l'excès par la panique qui croit à la prochaine absorption de l'agriculture par l'industrie et le négoce.

En attendant des économistes mieux placés que moi pour la recherche des nombreux moyens d'atténuer la situation réduite à d'exactes proportions, je ne vois rien de mieux à faire que ce qui suit :

Eclairer de plus en plus les populations, car l'instruction, quoi que puissent dire ses ennemis, loin de rendre irréligieux, augmente la foi, et la rend toute puissante ; exemple : ces prélats, ces prêtres, et, en un mot, le clergé français dont la science et l'éloquence sont si renommées, et sont d'un si puissant effet.

Glorifier, comme je l'essaie, la vie rurale.

La faire aimer de la jeunesse dorée qui, ne sachant que faire, s'occupe à dépenser un grand trésor : le temps.

Amener la presse à se rendre plus agricole.

Recommander le livre d'agriculture.

Divulguer les nouveaux procédés de culture.

Accorder à la publication agricole qui est la prédication écrite, presque autant qu'à l'encouragement en primes, médailles et solennités.

Une société savante pouvant aller avec une subvention de deux mille francs, quand un comice qui ne publie pas en dépense d'un à cinq mille, en instituer, au chef-lieu du département, une qui relève d'une volonté forte et généreuse.

Propriétaire ruraux, montrer, en exploitant nous-mêmes notre domaine, que, chez nous, les actes répondent aux conseils.

Accorder aux fermiers, des baux dont la prévoyance et la sagesse égalent la longue durée.

Enfin, prouver par une masse d'exemples, que l'économie agricole est presque toute entière dans les leçons de la science, de la religion et de la morale.

Le pouvoir de l'exemple agricole.

Un laboureur intelligent qui avait écouté et travaillé, dans un comice qui travaille, avait acheté charrue perfectionnée, semoir, herse, rouleau, ratissoir à cheval, houe à cheval, extirpateur, scarificateur, moissonneuse, batteuse, etc.

Ainsi outillé, il défonçait des terres de rapport presque nul, cherchait des amendements, réunissait des filets d'eau, drainait, substituait au labour en billon, le labour à plat, semait en ligne, en augmentant ses prés, augmentait son bétail, empêchait de se perdre l'âme du fumier, le purin, et accomplissait cent autres choses dont les voisins riaient avec accompagnement de sinistres prédictions.

Comme le soleil continuant d'éclairer les sauvages qui lui décochent des flèches, le laboureur alla son train, et ne s'en trouva pas plus mal.

Quelques années après, les plus ardents faiseurs de quolibets le voyant retirer des trésors d'une terre auparavant maudite, lui empruntaient ses instruments, essayaient de ses méthodes, s'outillaient comme lui, ordonnaient leur culture à l'image de la sienne, étaient récompensés par le comice, et, de pauvres, devenus riches, reconnaissaient qu'en fait de miracles agricoles, l'exemple est le grand maître.

Je n'ai pas inventé le laboureur dont je te parle; il est mon collègue, au comice de...., et sans sa modestie, je te dirais son nom.

Le laboureur doit être de son temps.

Au temps passé, quel était ton état?
Tu ne savais ni lire ni écrire,
Tu n'avais qu'un nom de baptême, d'où peut venir l'expression se faire un nom.
On t'appelait manant.
Tu étais taillable et corvéable à merci.
Sans droits, tu devais être sans libre arbitre.
Tu ne possédais rien !

6 *

Tu ne faisais qu'un avec la glèbe.

On te privait sans jugement, innocent ou coupable, de vie ou de liberté.

On te vendait.

Tes vêtements ne te garantissaient ni du chaud ni du froid.

Ta demeure était un réduit sale et insalubre.

Ta nourriture était souvent immonde.

La lèpre, fille de tes misères, te dévorait.

La famine et la peste venaient te visiter.

Tes enfants ne t'appartenaient pas.

L'honneur de ta compagne ne te regardait pas.

A défaut de bête de trait, on t'aurait attelé.

Au cimetière, tu n'avais pas de tombe.

Enfin, sans le pasteur qui te montrait un monde meilleur après la mort, tu n'aurais différé de la brute sauvage que par la servitude.

Ce lugubre passé te dit ce qu'aujourd'hui tu es, c'est-à-dire libre de penser, de parler, d'écrire, d'avoir une famille, de léguer ton nom et ta fortune, d'améliorer, de créer, de te défendre, d'avoir une part de souveraineté, et, si tu veux quitter la douce vie des champs, d'assigner à ton ambition un but élevé.

C'est avec les principes bien appliqués du christianisme, l'imprimerie, messagère divine, qui t'a doté de ce changement de position.

En conséquence, sois de ton temps.

Glorifie d'abord, non du bout des lèvres, et pour la forme qui ne vaut rien sans le fond, le Dieu qui est si bon pour nous.

Sois digne dans tous tes actes.

Fais de ta terre le miroir de ton intelligence et de ton travail de laboureur.

Edifie l'agronome par ton esprit d'observation et de création.

Montre tout ce que la blouse peut couvrir de mérite.

Prête un ardent concours aux conceptions transformatrices.

Comble la mesure de tes devoirs, en empruntant à la ville ce que tu pourras de son édilité, de son école, de sa bibliothèque agricole et religieuse, de son comice, de sa caisse d'épargne, de son bureau de bienfaisance, et de sa société de secours mutuels.

Il va sans dire que tu n'oublieras pas non plus de disposer de partie de tes économies en faveur de la caisse des retraites de la vieillesse, et d'assurer ton mobilier, ta demeure et tes récoltes contre les sinistres qui peuvent les menacer.

Étendre les limites du bien est réduire d'autant celles du mal.

L'emprunt, l'achat à crédit et la dette.

La plaie de l'agriculture, dans trop de localités, est l'emprunt inconsidérément contracté.

On veut vivre, se vêtir et se donner du bon temps, comme le citadin, et de là, nécessité d'augmenter par l'emprunt le revenu annuel qui ne suffit plus aux besoins qu'on s'est imprudemment créés.

On veut devenir ou plutôt paraître gros bonnet, et l'on emprunte pour s'arrondir.

Un champ convient à Pierre, et pour lui jouer un tour de sa façon, Paul emprunte de quoi l'empêcher de l'avoir.

Voilà les causes principales de l'emprunt, de l'achat à crédit et de la dette ; en voici les conséquences :

Le laboureur qui doit est un homme perdu, si, à l'échéance, il emprunte à nouveau pour s'acquitter.

La terre achetée à crédit pourra forcer à vendre celle sur laquelle on ne doit rien.

Le bien de 100,000 francs sur lequel on ne doit rien, verra la fin de celui de 200,000 fr. hypothéqué de 50,000 fr. dont on ne peut servir la rente.

On se ruine à ajouter un champ à ceux qu'on cultive avec peine.

Le fol emprunteur est le complice de l'usurier.

En d'autres termes, si la sagesse et la prévoyance présidaient à tout emprunt, l'usure, faute de raison d'être, ne serait pas, et bien des catastrophes n'auraient pas lieu.

Comme l'argent, la dette fait la boule de neige.

Comme le coupable, celui qui doit dort mal.

La dette empêche le placement des enfants, diminue le courage, augmente le désordre, engendre l'ingratitude, inspire l'idée du vol, pousse au suicide, et même conduit à l'attentat.

Si tu veux savoir jusqu'où l'on peut aller avec l'abus de l'emprunt, transporte-toi dans la riche et fertile Alsace, où tu verras de vastes territoires hypothéqués de la quasi totalité de leur valeur.

Les livres agricoles.

Un agronome me disait, un jour :

« N'écrivez pas ; las du livre agricole, on ne vous lira pas ; le progrès ne viendra que de l'exemple. »

Si pareil raisonnement était admis, et si l'exemple qui, faute de témoins, a peu de retentissement, devait tout faire, nous serions lents dans la marche en avant, et il ne serait pas vrai que la théorie et la pratique, inséparables de leur nature, se complètent l'une par l'autre.

Certains livres, il est vrai, disent, en une multitude de pages, bien peu de choses, et l'erreur y rend la vérité difficilement perceptible ; mais l'exception n'est pas la règle, et le livre est comme la masse de grains qui a besoin d'être lavée, vannée, criblée et triée.

Appliquons donc au livre, ce qui est sur la masse de grains d'un si heureux effet, et soyons certains, dussions-nous n'y découvrir que deux ou trois utiles données, de n'avoir à perdre, en l'achetant et le lisant, ni notre argent ni notre temps.

Au reste, la vérité n'est pas chose qui, comme l'herbe de la grasse prairie, se récolte à brassées, et l'écrivain agricole, inaccessible au petit somme du vieil Homère, est à trouver.

Je crois de préférence que l'impossibilité de devenir agriculteur par la seule théorie, rebute beaucoup d'adeptes, que le livre jovial ou dramatique prime le livre utile, et surtout que, faute d'avoir appris, à l'école, à lire avec facilité et réflexion, nombre de laboureurs, à force de lire avec lenteur et inintelligence, finissent par renoncer à la lecture.

Maintenant, la cause du mal étant trouvée, le remède est découvert, et, en conséquence, une grande impulsion peut être donnée à l'étude des publications agricoles, d'abord par la glorification de la vie rurale, comme par celle des excellents ouvrages qui l'enseignent, puis, par un système d'enseignement primaire qui permette à l'enfance des deux sexes d'apprendre à lire avec rapidité et fruit, et de devenir ainsi la génération qu'attend et sollicite le progrès rural.

En effet, montrer la simple superficie des choses est faire grand mal ; mais parfaitement enseigner peu de choses est susciter des masses réellement éclairées.

Il n'y a qu'une mère de la prospérité, de la tranquillité et de la moralité publiques : c'est la bonne instruction.

N'oubliez pas l'avis, sommités du pouvoir et de l'instruction publique, si vous voulez atteindre le but élevé que le chef de l'Etat vous a chargés de poursuivre ; et, de si bas que mon avis parte, ne tardez pas d'un jour à le mettre à profit.

Il est trop tard, dit-on souvent à ceux qui ont failli à leur mission.

C'est ici le lieu de citer en substance de bien sages paroles du vénérable Jacques Bujault.

« Il faut un petit livre pour les écoles rurales des deux sexes ; il le faut simple, naïf, rempli d'adages, un peu sérieux, moralisant, critiquant et parlant de culture.

Le bas prix est indispensable ; les enfants usant tout, il leur en faudra un, chaque année.

Et vous, jeunes gens qui avez reçu de l'instruction, allez trouver le vieux laboureur ; vous serez reçus à belles brassées, et le bonhomme vous dira ce qu'il sait.

Mettez de côté les eunuques du sérail qui ne pouvant faire, veulent empêcher de faire ; souciez-vous peu de la critique ; ce qu'elle dit de bon se prend ; ce qu'elle dit de sot se laisse ; il y a des gens qui, ne faisant rien, ne trouvent bon que ce qu'ils font.

On veut du parfait, et le soleil a ses taches ; pour certains, tout doit être trié sur le volet, et le bon Dieu, s'il se faisait encore homme, ne les contenterait pas.

Agissons sur les générations ; pétrissons l'enfance ; modelons la jeunesse ; jetons-nous dans l'avenir. »

Je crois, mon cher lecteur, m'être inspiré du désir de Jacques Bujault ; seulement, comme j'écris pour tous les âges et toutes les conditions, mon école préparatoire du laboureur qui est, par suite, assez volumineuse, coûtera plus cher qu'il ne le demande ; puis, je ne me suis pas senti capable de m'exprimer avec la naïveté dont lui seul a le secret.

L'éducation en général.

Ton enfant est un ange qui vient au monde avec un tache unique, celle du péché originel.

Si tu laisses la tache se développer, ton enfant pourra être le fléau ou la honte de la société.

Si, à force de soins, tu peux la circonscrire, je te réponds de lui.

Il faudrait toute la science divine pour t'enseigner ce qui, de l'enfant, fait l'homme selon le vœu de la religion et du progrès.

Contente-toi donc de deux ou trois données générales.

L'enfant copie, en outre de ses ascendants, le frère, la sœur, le domestique et le camarade.

Si, ceux-ci ne valant rien, ou le laissant faire, ce qui revient au même, il tourne à bien, c'est pour avoir été sauvé par d'honnêtes fréquentations, par des exemples qui l'ont touché, par l'enseignement de l'instituteur, par la lecture des bons livres, ou par la direction spirituelle du pasteur.

Ainsi son avenir est entre les mains de la famille, des voisins, du maître d'école, du pasteur et des livres qui tombent sous sa main.

Ainsi parents ou non, nous sommes tous responsables de tout le mal que, plus tard, fera l'enfant.

Averti de la sorte, tu vaudras dix pères, et tu pourras, quoi que tu vailles, rendre ton enfant dix fois meilleur que toi.

L'éducation dégrossit la matière, purifie l'âme, et ajoute, s'il se peut, à sa spiritualité.

Ceci entendu, si tu n'as pas plus soin de ton enfant qui est ton sang, que de toi-même, et si cet abandon contre nature lui porte malheur, je m'en lave les mains.

En tout état de cause, tu vois que ce n'est pas peu de chose que d'être père, et même simple membre de la famille humaine.

L'éducation du fils du laboureur.

Sans lui laisser perdre la bienfaisante habitude de t'aider dans les travaux de culture, et d'aimer par dessus tout la vie de famille, fais initier ton fils aux principes fondamentaux de la religion, de la morale, de l'hygiène et de l'économie.

Fais-lui apprendre la manière de rendre par écrit sa pensée, avec le moins possible de fautes d'orthographe et de langue.

Fais-le rendre apte à mesurer la surface, à cuber le volume, et à dresser le plan.

Fais-lui, au besoin, montrer un peu de mécanique agricole et de dessin linéaire.

Fais-lui inspirer le goût de l'agriculture et d'une lecture qui puisse lui apprendre de l'agronomie, de l'histoire, de la géographie, de la législation et de la géologie agricole.

Si tu fais ainsi, si tu veilles à ce qu'au lieu d'apprendre par cœur, il apprenne par réflexion, et si

surtout tu montres le désir de t'instruire avec lui, tu
feras un fils qui, sachant ce que c'est que la vie industrielle et citadine, ne la préférera pas à la vie
moralisatrice de la campagne.

L'éducation de la fille du laboureur.

La plus belle et la meilleure jeune fille est celle
qui est la plus simple et qui remplit le mieux ses devoirs de toute espèce.

Voilà pour l'éducation domestique.

Voici maintenant le programme du cours d'études.

Comme son frère elle rendra, sa pensée par écrit
sans trop de fautes d'orthographe et de langue.

Elle saura l'arithmétique.

Elle connaîtra les principes généraux de l'agriculture, en ce que, plus tard, devenue ménagère, elle
aura parfois à suppléer le chef de la famille.

Elle contractera le goût de la lecture susceptible
de développer ses connaissances sommaires en histoire et en géographie.

Si sa mère veille à l'observation absolue de ces
conseils, si, dans les divers travaux de ménage, elle
prêche d'exemple à son enfant, et surtout, si, dans le
but de la garantir contre la dangereuse fréquentation
et le méchant propos, elle ne la perd pas de vue, je
te réponds de ta fille : car, objet de plus de soins et
de plus de surveillance, elle saura et fera tout, sauf
ce qu'il lui faut ne pas savoir et ne pas faire.

Et ce sera bonne chose : car vois-tu, l'éducation de
la femme rurale laisse plus encore à désirer que celle
de l'habitante de la cité qui, si elle pouvait s'exa-
miner à fond, se jugerait bien sévèrement.

Moralement, celle-ci perd beaucoup à savoir trop
de futile mêlé à peu d'utile, et celle-là ne sent pas
assez combien, chez elle, un cœur et une intelligence
plus cultivés tourneraient au profit des affections de
famille, des travaux d'entretien de la ferme, de l'in-
nocence des habitudes et des jouissances de l'esprit.

L'école de village, en été.

L'été venu, l'instituteur, faute d'élèves, n'a plus qu'à se croiser les bras dans une oisiveté qui peu lui être funeste.

Les vacances seront de plus de six mois.

Voici ce qu'elles produiront :

L'enfant, pendant la garde du troupeau, contractera le goût de la paresse, et son esprit cessera d'être cultivé.

Il perdra le fruit de ses études d'hiver.

Sorti, à douze ans, de l'école, il aura oublié, dès l'âge de quinze ans, le peu de lecture, d'écriture, de grammaire et d'arithmétique qu'il aura apprises.

A ce moment, la routine s'emparera de lui pour ne plus le lâcher.

En d'autres termes, son ignorance sera profonde ; il sera aussi mauvais agriculteur que son père, et, par suite, le progrès ne se fera pas dans la commune.

O laboureur, tu ne sais pas quel bien tu ferais à tes enfants, en les laissant à l'école, pendant toute l'année : car l'étude non-seulement moralise, mais encore donne à l'intelligence d'incalculables forces.

Combien mieux que les tiens vaudraient les fils du travailleur de la cité, qui, toute l'année, apprennent à lire, à écrire et à calculer, si, chaque dimanche, le pasteur du village n'éclairait l'âme des enfants dont l'intelligence est condamnée par ton incurie à six mois de ténèbres !

Le sorcier et les sorts.

Le sorcier et les sorts ne seront, Dieu merci, bientôt plus.

Le progrès des lumières les aura tués.

En attendant, il est triste de voir certaines populations se faire dire la bonne aventure, consulter le sorcier dans leurs maladies, comme dans celles du bétail, attribuer leurs malheurs à un sort, et de peur de toucher à l'œuvre d'un méchant lutin, n'oser démêler la crinière ou la queue de cheval que leur incurie a laissée s'embrouiller.

Le charlatan.

Le seul talent du charlatan est d'arracher une dent avec ou sans douleur, de livrer, quand il a peur de la police correctionnelle, des drogues qui, ne faisant pas de bien, ne font pas de mal, de réjouir la foule, par l'exhibition de ses oripeaux, de régaler les badauds de musique, et, avec un peu d'herbe sèche, de pâte, d'eau colorée, de gestes et de mots pompeux, de faire sortir l'argent de toutes les poches.

Le charlatan s'en va comme le sorcier ; mais ses retours offensifs étant parfois dangereux, prépare-toi à ne pas tomber dans ses filets.

L'empyrique.

L'empyrique s'en va moins que le sorcier et le charlatan avec lesquels il a de nombreux points de contact.

Médecin et vétérinaire par la grâce du mensonge, il exerce de cruels ravages dans la ferme, l'écurie et l'étable.

Redoutable concurrent de l'homme de l'art pour lequel il est plein de dédain, il le supplante.

Accueilli en sauveur, il fait de l'indisposition la maladie, et de la maladie l'affection chronique ou le trépas.

Il coûte moins que l'homme de l'art, est plus près de la ferme, a pour lui compères et commères, n'hésite pas, et répond de tout.

Dieu te préserve, toi et ton bétail, de cette providence de contrebande !

Au reste, aux fréquentes saignées qui rendent ton cheval lymphatique, qui apauvrissent son sang, qui le prédisposent aux plus graves maladies et qui s'opposent à l'amélioration de l'espèce, je reconnaîtrai que tu a recours à l'empyrique.

Le maquignon.

Le maquignon de nos jours aurait fait galoper le cheval de bois des Grecs.

Il rend l'âme au cheval qui l'a perdue.

Sa bête a toujours quatre membres parfaits.

Où la queue manque, il en met une.

A sa voix, l'oreille fendue se coud d'elle-même.

Pour lui le cheval aveugle, morveux, poussif et lunatique n'existe pas.

Le creux de la salière est vite comblé par lui.

La vieille dent rajeunit sous son coup de lime.

Sous sa main, le sujet décrépit redevient poulain.

Il suspend à son gré l'effet du vice.

Il dit, et la tare cesse d'être visible.

De robe blanche, il fait robe noire.

Il ne vend pas; il donne.

Il remplace le cheval que tu lui rends par une rosse qui coûte encore plus cher.

Avec du poivre, il procure à rossinante, l'ardeur du coursier d'Arabie.

Il fait de magnifiques promesses qu'il ne tient pas.

Il tromperait son père.

On ne l'a jamais vu en état de grâce.

On dit qu'il n'a pas d'âme à perdre.

J'écrirais jusqu'à la fin de l'éternité qui ne finit pas, si je disais tous les miracles à attendre de ce mauvais chrétien.

Le laboureur qui s'expatrie.

Je ne te blâme pas d'aller, sous de lointains climats où des exemples sont nécessaires, cultiver une terre plus étendue que la tienne ; mais, avant de le faire, pèse bien les avantages et les inconvénients de ta résolution.

L'agriculture de ton pays a besoin de tes bras et de ton intelligence.

Des soins plus prévoyants auraient pu augmenter de moitié la valeur de ta terre.

Tu laisseras derrière toi de bien chères affections.

Les promesses qu'on t'a faites risquent de ne pas être tenues.

Ta famille peut mal s'accommoder d'un climat rigoureux ou brûlant.

Trouveras-tu là-bas les instruments de culture qui sont ici ?

Sur une terre dont les besoins et les caprices te seront inconnus, n'auras-tu pas à refaire tes études agricoles ?

Où tu seras, parlera-t-on la langue et reconnaîtra-t-on le Dieu de ton pays ?

Ta vie sera-t-elle en sûreté ?

Retrouveras-tu l'égalité devant la loi ?

La nostalgie n'est-elle pas à craindre encore plus que la fièvre qui tue ?

Si elle ne te peut rien, feras-tu la fortune si facile à rêver et si difficile à acquérir, dans l'espoir de laquelle tu dis à ton village un adieu peut-être éternel ?

Le loyal laboureur.

Pour être honnête, l'homme des champs doit se garder de certaines faiblesses qui le rendraient passible de blâme, d'amende ou de prison.

Le loyal laboureur tient sa parole et paie ses dettes.

Il exploite le domaine selon les conditions du bail,

Il ne fait pas sa part de produits meilleure que celle de son propriétaire.

Il ne donne pas pour bonne la pièce fausse.

De cent litres de vin, il n'en fait pas deux cents.

Il s'abstient du baptême de son lait.

Il ne veut pas d'une adjonction de farine à sa crème ou à son miel.

On cherche en vain une pierre dans son pain de beurre.

Jamais poulet n'est vu sortant de ses œufs qui sont frais.

Sa botte de foin n'a pas un intérieur poudreux.

Le volume de sa voiture de bois n'a pas été dou-blé par d'ingénieuses combinaisons.

Les dimensions de sa mesure témoignent de ses scrupules.

A sa balance et à ses poids, on reconnait qu'il a une conscience.

On nè le voit pas non plus, usurier déguisé, atten-dre une année révolue, avant de payer ses gens de peine.

Le petit laboureur qui se livre à la maraude.

De jour, le maraudeur se repose ; mais la nuit ve-nue, il est d'une prodigieuse activité.

C'est qu'il sait que le garde champêtre, fatigué par ses courses du jour, se couche avec les poules.

Au reste, pendant la nuit les chats sont gris.

Qu'il pleuve, vente, tonne et grêle, ou que le fu-mier lui manque il sait toujours faire bonne récolte.

Son secret que j'ai surpris consiste d'abord à fran-chir le fossé, à passer au travers de la haie, et à sau-ter par dessus le mur, puis à couper, cueillir et ar-racher tout ce qui lui est bon.

Ces enfants sont dressés de bonne heure à ce mé-tier.

Malheur à la cave, au grenier et à l'appartement où il lui est facile de pénétrer avec ou sans bris !

Malheur au marteau et au petit instrument ara-toire oubliés au chantier ou sur le champ !

Si, par hasard, il a l'ombre d'une conscience, il vole d'un cinquième, sous le nom de fermier, le pro-priétaire avec lequel il a à partager ; il prélève à l'a-vance, sous le nom de garde-vignes, assez de raisin pour se faire un râpé, et il fournit, sous le nom d'ou-vrier, le quart, le tiers ou la moitié de la main d'œu-vre pour laquelle il est payé.

La grêle fait moins de ravages que lui.

Mais Dieu le voit, et son gendarme, la provi-dence, finit par l'arrêter au nom de la loi.

Il y a une autre espèce de maraudeur qui, elle

aussi, fait bien du mal ; c'est le contrebandier ou le fraudeur à dos, qui, pour échapper à l'œil du fisc, se fraie un chemin dans les cultures, et, en passant, s'amuse à secouer l'arbre fruitier, ou à grimper dessus, dans le but de ne pas mourir de faim, en regardant où est l'ennemi.

Le laboureur cabaretier

Gêné dans tes affaires, pour avoir mal cultivé ta terre, et laissé le désordre se fixer à demeure dans ton logis, tu vends un premier champ ; avec l'argent, tu te fais cabaretier, et à peine le bouchon a-t-il été pendu, que les clients affluent, qu'ils amènent les amis, qu'on joue, qu'on boit, qu'on chante, qu'on s'affaisse sous la table, pour y dormir d'un sommeil de brute, et que toi, dans le but intéressé de prêcher d'exemple, tu pousses au festin et à l'orgie, sans t'inquiéter d'autre chose que de la police, seule puissance à laquelle tu penses avoir des comptes à rendre.

Le début te semble assurément beaucoup promettre.

Mais modère ta joie : car, tout-à-l'heure, la déception viendra te visiter, pour te faire payer cher le mal immense que tu te seras fait, et que tu auras causé, en provoquant et en cherchant à exploiter les habitudes qui abrutissent l'homme.

En effet, pendant l'orgie et son accompagnement d'obscénités, de cris et de coups, la mauvaise herbe étouffe ta récolte ; ton bétail, à peu près abandonné, devient chétif ; les amis se sont tant saignés pour s'abreuver, qu'ils boivent à crédit ; le crédit surrexcite la consommation ; la consommation nécessite l'avance ; l'avance, malgré l'aide qui t'est prêtée par la mauvaise foi de ton livre de comptes, te force à vendre un second champ ; le second champ étant vendu, le reste suit de près, et la maison elle-même ayant fini par y passer, tu reconnais, mais un peu tard, avoir fait fausse route.

Si seulement tu n'avais fait que te ruiner !

Tu expierais ta peine sur place, en te faisant valet de ferme, et le travail qui sanctifie pourrait te transformer.

Mais tu as si bien contracté l'habitude de l'excès que tu es devenu indigne et incapable de tracer le sillon.

Ton exemple a réagi sur ta femme dont les habitudes sont devenues honteuses.

Le fils qui vous a copiés ne vaut pas mieux que vous.

Votre fille a entendu le propos obscène.

Et, pour comble à la mesure, tous, déconsidérés dans le village où votre cabaret a fait de mauvais fils, de mauvais époux, de mauvais travailleurs, de mauvais citoyens et de mauvais chrétiens, vous n'avez plus qu'à aller vous cacher et vous achever dans la manufacture, sur le chantier ou dans les bouges des villes.

Voilà le cabaret patenté.

Le cabaret clandestin est pire.

Après cela, pauvres dupes que le cabaretier ne reçoit que pour vous rançonner, en vous perdant de dettes et de débauche, venez trouver à redire à ce que, dans l'intérêt de la religion, de l'ordre public, des familles et de vous-mêmes, le pasteur montre, d'un geste indigné, le lieu où se perdent les âmes, et à ce que la police, dès 8 ou 9 heures du soir, fasse vider le cabaret.

Le laboureur se livrant à la contrebande ou à la fraude.

Le laboureur auquel sourit le dégradant métier de contrebandier, s'expose à bien des déceptions et à bien des malheurs.

Tu dois m'en croire, moi qui, sur mille contrebandiers, en ai à peine vu deux s'enrichir aux dépens du pays.

Je dis *aux dépens du pays*, parce que le tort fait

par la contrebande est pécuniairement réparé par la masse des contribuables qui, de la sorte, paie ses méfaits.

Si tu savais ce que c'est que le contrebandier, tu te garderais bien d'embrasser la profession qui te semble lui offrir plus de profit que le travail honnête.

Étant partout, excepté dans son champ, le contrebandier récolte peu.

Il jette au jeu et à l'orgie, l'argent qu'il gagne.

Le travail lui devient insupportable.

Ses habitudes vagabondes lui ôtent l'amour de la famille.

Les vauriens qui s'emparent de lui, en font un malfaiteur ou un brigand.

Il oublie qu'il y a un Dieu.

Quand il a tout perdu, santé, bien et honneur, la misère vient s'établir, à son foyer, pour y étioler, dépraver et tuer sa femme et ses enfants.

Et cependant, en bien des lieux, ce malheureux et ignoble ennemi de l'impôt est populaire !

Le fraudeur, ou plutôt le colporteur de boissons sujettes aux droits, est le contrebandier en petit, et il ne lui manque, pour s'adonner à la contrebande, que d'habiter près de la frontière ou d'un lieu de culture du tabac.

Rien que dans un département, j'ai vu six cents chefs de famille représentant 3,000 âmes, vivre de contrebande et de colportage d'eau-de-vie.

C'étaient six cents familles perdues pour la vie agricole ; bien plus, c'étaient pour les populations rurales d'un seul département, la moyenne de chaque famille étant de 5 individus, 3,000 mauvais exemples.

Le laboureur intrigant.

Le laboureur intrigant cherche, avant tout, à faire arriver l'eau à son moulin.

Il est le renard adulant le corbeau pour s'emparer de son fromage.

Il frappe à toutes les portes, à coups de poisson, de gibier, de volaille et de paniers de fruits ou de vin.

Dépourvu de valeur réelle, il puise son espoir, ses titres et sa force dans son peu de scrupules.

La fonction gratuite est pour lui le marche-pied de l'emploi salarié.

Il enlace de toutes façons son maire, son juge de paix et son percepteur.

Il offre à tout étranger bien posé, une hospitalité qui semble être généreuse.

Il a d'humbles saluts pour qui pourra le recommander.

Son air de bonhomie et de franchise le fait aimer et lui donne du renom.

Il devient nécessaire.

Il arrive au but ardemment poursuivi.

Le but atteint, le bonhomme de la veille est le fourbe, le glorieux et le despote du lendemain.

Beaucoup de gens comme lui feraient une triste commune.

Dieu donc te garde d'être sa dupe, son complice ou son imitateur !

Le laboureur vaniteux.

Le laboureur vaniteux fait, pour poser, les mêmes efforts que le laboureur intrigant pour arriver.

Il a une meute et des engins de pêche.

S'il le pouvait, il roulerait carrosse.

Il achète champs sur champs.

Il bâtit incessamment.

Heureux celui qu'il convie à ses fêtes !

Les gros bonnets affluent chez ce corbeau tenant toujours en son bec un fromage.

S'il n'est maire, les pompiers qu'il abreuve le nomment capitaine.

De maire ou de capitaine, on le fait passer marquis de Carabas.

Mais au milieu du festin, l'huissier vient écrire

7

sur la muraille de Balthasard : *Mané, Thécel, Pha-*
rès.

La contrainte, la saisie et la vente suivent de près.

La ruine ferme la marche, et les renards repus
s'éloignent du corbeau qui jure trop tard de n'y
plus être pris.

Le laboureur opulent.

L'argent qui dort ne produit rien.

Le mouvement continuel des capitaux a ce point
de contact avec la bonne action, qu'il est la condition de l'activité agricole, industrielle et commerciale, du progrès du bien-être général, et, par extension, de l'assistance.

Cela posé, permets-moi de te dire ce que je ferais
si j'avais du superflu.

Je ne me mettrais pas secrètement à genoux devant
le monceau d'or.

Je placerais mon argent.

Je prêterais à l'Etat, dans les moments de crise.

Je bâtirais, je réparerais ou j'embellirais.

J'achèterais une terre.

Je transformerais mon domaine, et donnerais des
exemples agricoles.

Je récompenserais le fidèle serviteur.

J'aiderais le bon fermier.

J'encouragerais la science et l'art.

Je voyagerais pour m'instruire.

Je fonderais la société d'agriculture ou de bienfaisance.

Je ferais quelque chose pour l'église de la paroisse,
pour l'hôpital, pour l'école, et pour l'enfant qui manque de livres.

Je chercherais des misères à soulager.

Je voudrais qu'autour de moi, tout se ressentît de
mon bien-être.

Je ferais tant, en un mot, que, passé de ce monde
à l'autre, je serais pleuré des méchants comme des
bons, que j'aurais des imitateurs qui en susciteraient

d'autres, que, là-haut, la bonté divine ne me refuserait rien, et que le bon emploi de mon superflu porterait bonheur à mes enfants.

Le laboureur routinier.

Le routinier choisit parmi les voies, la plus mauvaise et la plus longue d'où rien ne peut le détourner.

L'âne est moins têtu que lui.

C'est un sourd qui, entendant, refuse d'écouter.

C'est un pécheur qui ne s'amende jamais, ou un aveugle qui ne veut pas voir.

Il n'en sait et il n'en saura jamais plus que ses pères qui ne savaient rien.

Il attribue à la fumée de l'usine, les maladies des végétaux.

C'est un sort, nous dit-il, qui a causé la perte de son bétail.

Il a prédit que la voie ferrée serait la suppression de l'espèce chevaline, et que le progrès nous ferait aller à reculons.

Il est l'oiseau qui se prend à la glu du charlatan, le prôneur de l'empyrique, la vache à lait du maquignon, et l'orateur du cabaret.

Il n'a pas d'ordre, ou il écorche un pou, pour en avoir la peau.

Il accuse le voisin qui prospère, soit d'avoir trouvé une bourse, soit de s'être enrichi par le vol ou l'attentat.

A la dénigration, on l'a vu joindre la persécution.

Le présent, selon lui, ne vaut pas le passé qu'il pleurera toujours.

Habitués aux ténèbres, ses yeux sont offusqués par la lumière.

En plein midi, il ne voit pas.

A tout hasard est sa devise.

Il est Grosjean voulant en remontrer à son curé.

La lande, la friche et le marais entourent sa demeure.

Faute d'air, il étouffe chez lui.

Trop ou trop peu nourris, mal couchés, mal logés, mal pansés et saignés à outrance, ses animaux dégénèrent ou périssent.

Il ne ferait pas un pas du côté de la chaux, du plâtre, ou de la marne qui lui promet de riches récoltes.

Il abandonne à la garde du soleil et de la pluie son fumier qui redevient paille.

Il méprise le drain.

Il laisse aller à la rivière l'eau demandée par la prairie.

Il ne voudra jamais du pré artificiel.

Le semis à la volée est le seul qu'il conçoive.

Le labour qu'il préfère est le plus superficiel.

Il coupe la mauvaise herbe au lieu de l'arracher.

Il n'assure ni maison, ni récoltes, ni bétail.

Rien, à ses yeux, ne vaudra le fléau.

Si la charrue datait d'hier, il la repousserait.

Il ne sait pas mieux conserver que produire.

Le comice est sa bête noire.

Il n'envoie pas ses enfants à l'école.

C'est grâce à lui que le méchant propos circule dans le village, que le bon vouloir de l'autorité est méconnu, et que le projet de chemin, de suppression du parcours, et d'expropriation utile n'aboutit pas.

Cependant, chez lui où nul ordre ne règne, et dans son champ où ne sont pas les yeux du maître, tout se perd, et rien ne vient ; la ruine arrive, et c'est lui seul qu'alors il oublie d'accuser de sa misère.

En somme, le routinier forme une espèce de pauvres d'esprit que, toutefois, transformerait assez vite l'introduction dans les écoles d'un cours élémentaire d'agriculture.

Par malheur, le routinier foisonne encore ailleurs qu'à la campagne, et voilà pourquoi, en presque toutes choses, le progrès est si lent.

Le laboureur méchant et chicanier.

Le laboureur méchant et chicanier voit noir où l'on voit blanc.

Il est de la tribu de Judas.

Il n'a ni amis ni compagnons.

Il n'a pas même de père et de mère.

Je me trompe : il s'accole à l'avocat de village.

Quand sa bouche caresse, sa main va de l'épingle ou du couteau.

Le bien d'autrui est fait pour lui.

Il le prend en usant de ruse ou de violence.

C'est lui qui vole l'orphelin et la veuve.

C'est lui qui recule la borne du voisin.

C'est lui qui, de nuit, dévaste ou incendie.

C'est lui qui a commis ou fait commettre le guet-à-pens.

Quand on parle d'assommer, c'est lui qui veut tuer.

C'est lui qui est l'inventeur de la rixe.

C'est lui que le vin ou la colère fait ressembler à l'animal.

C'est lui qui est l'auteur de la lettre anonyme.

C'est lui qui dénonce le maire.

C'est lui qui se plaint du garde.

C'est lui qui fait casser l'instituteur.

C'est lui qui outrage le pasteur.

C'est lui qui ourdit et conduit le complot.

C'est lui qui bat sa femme ou qui la fait mourir à petit feu.

C'est lui qui entame le procès.

C'est lui qui se dédit.

C'est lui qui fait le faux témoignage.

Enfin, c'est lui qui, du village fait un enfer.

Le laboureur avare.

A sa mise et à sa demeure, on reconnaît l'avare.

A l'entendre, les meilleurs temps sont durs.

Ses dépenses, dit-il, l'empêchent de joindre les deux bouts.

Vivre, pour lui, est ne pas tout-à-fait mourir de faim.

Il graisse sa soupe avec une fronde chargée d'un atôme de beurre.

Il ne boit que le vin impotable.

Il ne donne pas, mais prête le bonjour.

Avant de s'asseoir, il ôte son pantalon qu'il craint d'user.

A sa vue, le pou dont il convoite la peau recule épouvanté.

Il a de la quête une peur qui l'empêche d'aller à la messe.

L'obligation de restituer l'éloigne du tribunal de la pénitence.

Là où il faut livrer la pièce d'or, il lâche le centime, en soupirant.

Son excuse est que, toute les fois qu'il donne, un œil lui tombe.

Cependant il est prodigue de promesses.

Il exige d'autrui la générosité.

Il ne regarde pas, dans un accès de sensibilité, à quelques larmes de plus.

On l'a vu même, dans son verger, offrir à un ami, la prune tombée de l'arbre, avant maturité.

Le laboureur dans les crises politiques.

L'autorité est de délégation divine.

La loi même mauvaise doit être respectée.

Nous n'avons pas à substituer notre volonté à celle de la loi qui est la volonté de tous.

Si le pouvoir et la magistrature se trompent par fois, ce n'est pas une raison de leur retirer notre confiance et notre appui.

La prospérité des Etats gît dans leur tranquillité.

L'ordre, cette belle image de Dieu, a des lois qui peuvent s'interrompre, mais qui reprennent forcément leur empire.

Là où fleurit l'agriculture, il y a peu de place pour l'utopie politique qui est le désordre.

La riche campagne ne veut ni de l'émeute ni du pillage.

Dans un mouvement politique, qui se lève le premier? l'ignorant, le paresseux, le débauché, ou l'homme déclassé par de mauvaises études.

La multitude éclairée et honnête sauve, et la multitude ignorante et égarée renverse les empires.

L'ombre n'allant pas à ta loyale nature, fuis l'antre où se réunit la société secrète.

La société secrète se forme au cabaret.

Elle organise le trouble.

Elle s'affilie le vice.

Elle recrute pour la paresse.

Elle rompt le doux lien de la famille.

Elle a en vue de découvrir saint Paul, aux dépens de saint Pierre.

Elle érige le forfait en vertu.

Sa loi est de n'en point avoir.

Capable de tout, elle n'est capable de rien.

Elle décrie l'armée qui défriche et civilise l'Afrique, et qui garde la partie continentale de l'empire.

Par l'exaltation, elle mène à la démence.

Victorieuse, elle est l'ignorance et la folie occupant le trône de la sagesse et de la science.

Vainqueur, tu la verras te payer d'ingratitude.

Après avoir, pour arriver, grimpé sur tes épaules, elle renversera l'échelle.

Toute puissante, elle tombera sous le poids de son incapacité et de ses excès, entraînant avec elle la fortune publique et privée.

Tombée, elle ne peut plus qu'une chose, te faire payer ses fautes.

Rappelle-toi l'impôt des quarante-cinq centimes.

Rappelle-toi qu'un jour, las de la voir impuissante à remplir son fastueux programme, véritable tonneau des danaïdes, tu as sauvé la religion, la société et la famille, en étouffant sa fille, la révolution, sous des millions de votes.

Rappelle-toi aussi, après t'en être si résolument débarrassé, que la terre défoncée par tes bras et arrosée de ta sueur, est la place où la société pousse ses racines les plus profondes et les plus vigoureuses.

Le riche oisif.

Rien ne te manque.

Il y a vide où tu n'es pas.

Celui que tu ne regardes pas n'est rien.

Le désir, chez toi, n'a pas le temps d'être.

Cependant, à toute heure, l'ennemi acharné de l'opulence, l'ennui t'assiége.

Il mange dans ton assiette, boit dans ta coupe, pose dans ton salon, monte sur ton cheval et couche avec toi.

Véritable Prométhée, tu cries, sous le vautour, certain de ne pouvoir être sauvé, et ne songeant pas, par conséquent, que ton bourreau t'a été dépéché par le progrès qui te réclame, que le mouvement qui a un but en vue est la loi de la vie, et qu'à lui payer un tribu quotidien, le paysan ton voisin gagne de revenir joyeux du champ, de trouver délicieux le repas qui te répugnerait, et de goûter un sommeil que le mauvais rêve ne trouble pas.

Hé! bien, le remède à ton mal se trouvant dans la terre que ton pied foule, dans la culture qui l'embellit, dans l'eau qui la féconde, et dans la brise qui la caresse, je serai ton esculape.

Regarde le labour, le champ, l'irrigation, la moisson qui ondule.

Ayant regardé, tu voudras faire.

Ayant fait, tu donneras congé à ton fermier.

Tes capitaux et ton travail doubleront la valeur du domaine.

Les terres voisines voudront ressembler à la tienne.

Enfin, devenu l'oracle agricole de la contrée, non-seulement tu seras une des forces vives de la patrie, mais encore tu rendras grâce à la charrue d'avoir réduit, pour toi, la durée de l'heure à celle de la minute, et à Dieu de t'avoir indiqué le milieu où l'on remplit le mieux ses vues.

La vie de village.

L'égalité, qui bien entendue, est une loi de nature, n'aime pas les grands centres véritables mosaïques où le nombre des positions égale presque celui des habitants.

Voilà pourquoi c'est dans le petit centre que le riche tient le moins le pauvre à distance, et qu'une communion constante soit du père et de la mère avec leur descendance, soit du voisin avec le voisin, empêche de se perdre les habitudes primitives.

Voilà, par suite, pourquoi, tout bien pesé, le séjour de la ville vaut moins, pour les âmes pures que celui du village où l'on ne relève que du pasteur, de sa conscience, et de l'opinion de deux ou trois voisins.

Cela connu, tu trouveras bien simples les moyens de vivre heureusement à la campagne.

On y regarde Dieu personnifié dans les merveilles de la nature.

On s'y fortifie par le travail.

On y ajoute par le labour, à la beauté de la création.

On y augmente son bien-être par l'épargne.

La tempérance y donne des ailes à la fortune.

On y vit en bon accord avec le voisinage.

On y devise à la veillée, sur la manière de mieux faire.

On s'y aide, en cas de maladie.

Plus la paix y règne, plus le travail est fructueux, et, en définitive, la vie s'y écoule si honnête, que, le moment suprême arrivé, le pasteur n'a qu'une âme de bienheureux à dépêcher vers Dieu.

On demande, pour le village, des fondations de charité; j'applaudis à ce vœu; mais quel bien n'y produirait pas la société de vie irréprochable qui serait tout à la fois société de bienfaisance, de tempérance, de concorde, de morale, de religion et de progrès agricole?

7*

La discorde au village.

J'ai dit combien le paisible village est heureux.

Maintenant, j'ai à prouver que la discorde rend la campagne inhabitable.

Tu t'affliges de voir les gens de la justice y élire domicile.

Mais la commune se partage en deux camps qui se déchirent.

Une lettre anonyme y consterne une famille.

Un fils a dénoncé son père.

On a forgé des torts au maire qui est trop probe.

On a calomnié l'instituteur qui fait trop bien.

On a outragé le pasteur qui s'élevait contre le vice.

On a ravagé le champ du laboureur qui donnait de bons exemples.

On a violemment reculé la borne d'autrui.

Un voisin a mis le feu à la maison de son voisin.

On a assassiné celui qu'on était las d'entendre appeler un honnête homme.

Cependant, l'enquête se poursuit, et la criminelle satisfaction de s'être vengé se change en découverte du délit, en honte, en ruine, en flétrissure ou en peine de mort.

La vie citadine et industrielle.

Avant de te décider à quitter la campagne, sache ce que c'est, en règle générale, que la vie citadine ou industrielle.

A la ville, une excessive inégalité des conditions empêche de prévaloir l'égalité devant le mérite, froisse l'amour-propre des nobles cœurs, et suscite, avec leur cortége de conséquences, la basse jalousie et la haine implacable.

Etant de chaque jour, au lieu du dimanche seulement, le luxe des habits crée des rivalités qui s'opposent à l'épargne.

La vie consiste à poser, à jouir matériellement, et à faire parler de soi, n'importe de quelle manière.

L'ambition peu honorable est sans cesse surrex-
citée.

La fin sauve les moyens.

Les capacités déclassées par le faux savoir, affluent,
pour le malheur de l'ordre.

L'indépendance et la considération sont l'apanage
du petit nombre.

Le vice et le délit règnent en proportion de la
chance qu'ils ont de rester inaperçus.

Il y a des bouges où l'époux, le fils et la jeune
fille se perdent chaque jour.

Le cabaret se charge de préparer le dépravé et le
mauvais citoyen.

L'habitation du travailleur qui boit du dimanche au
mardi, est étroite, malsaine, sans feu, sans pain, sans
lumière, et sans autre couche qu'une paillasse couverte d'un haillon.

La porte de celui qui possède est assiégée de déserteurs de la campagne ou du travail.

Chétif et malingre, l'enfant est la première victime
des illusions et des désordres de ses parents.

De longs et fréquents chômages démoralisent les
meilleurs ouvriers.

Enfin, grâce à l'imprévoyance, à la débauche, à
la maladie et à la mort, de tout ce qui a laissé là le
champ, pour se faire petit marchand, cabaretier,
journalier et domestique, un dixième à peine pourrait, après avoir ouvert les yeux, retourner travailler
au village.

Dans la mine, dans l'usine et dans la manufacture où le salaire du jour est la dépense du lendemain, que verras-tu ? De robustes parents ayant une
descendance chétive, des teints hâves, des corps
amaigris, des enfants noués et estropiés par des fatigues prématurées, et des hommes faits pour arriver
à quatre-vingt-dix-ans, s'éteignant à quarante ans,
tués par la débauche, par la misère, par le défaut
d'air ou par la manipulation de matière vénéneuses.

La commère du village.

Le ciel est dans ses yeux.

Son geste est carressant.

Elle se fond de tendresse.

C'est en pleurant qu'elle avertit la mère des fautes de sa fille.

Elle se signe devant le propos libre.

Elle montre à quiconque l'ignore, le chemin du salut.

Elle se confesse une fois la semaine.

A la procession, elle voudrait pouvoir porter la vierge.

Mais, vas-tu dire, la commère est un ange.

Attends un peu !

Elle est la conseillère de la jeune fille.

Elle console la femme battue par son mari.

Sa répartie est fine, et sa langue dorée.

Il faut l'entendre dire combien Lise est naïve, Marie coquette, et Colas gauche.

Elle ferait mourir de rire un tas de pierres.

Mais, vas-tu dire, la commère est charmante.

Attends encore !

Elle a commis, dans le temps, une grosse faute, à ses yeux si petite, que ce n'est pas la peine d'en garder souvenir.

Au reste, le prochain doit l'expier pour elle.

C'est elle qui rend méchante la gazette du village dont elle veut être la pourvoyeuse.

Elle publie la confidence de l'épouse au mari qui pond des œufs.

Avec une poutre énorme dans son œil, la bonne âme veut, avant tout, sauver d'une paille celui de son amie.

Quand le propos manque, elle l'imagine.

Elle caresse à coups d'épingles.

Elle étouffe en embrassant.

Elle tient de source sûre que le marchand est mal dans ses affaires.

Elle a vu de ses yeux la honte du voisin ou de la voisine.

Elle brouille les amis.

Elle trouble les ménages.

Il n'y a que le bien qu'elle oublie de faire ou dire.

Enfin, elle n'est capable que d'un regret qui est de ne pouvoir déchirer à belles dents la chaste robe de la dame qui passe.

Cependant, comme elle tricote, bavarde et fait de la télégraphie scandaleuse hors de chez elle, la soupe ne se fait pas; l'enfant crie dans son berceau; le bétail meurt de faim, et le mari désespéré se réfugie au cabaret, jurant trop tard que, s'il était à recommencer, ce ne serait pas Poulote qu'il épouserait.

Les professions non agricoles du village.

Le village ayant besoin d'ouvriers autres que ceux de la terre, que quiconque ne se livrera pas à la culture, soit au moins,

Un honnête marchand.

Un maréchal-ferrant.

Un charron.

Un maçon.

Un boulanger.

Un tailleur.

Un sabotier.

Un cordonnier.

Un bourrelier.

Ces gens-là, en te servant sur place, t'épargneront le voyage dispendieux de la ville.

Et moi, je recommanderai aux apprentis de se garder de faire leur tour de France.

Le tour de France rend, il est vrai, plus habile; mais il habitue à l'excès.

Il ôte la simplicité et la modestie.

Il apprend à faire à la paresse le sacrifice de deux jours de travail par semaine.

Surtout il dégoûte du calme du village.

Puisqu'il en est ainsi, me diras-tu, je ferai de

ceux de mes enfants pour lesquels la culture de la terre me paraîtra peu profitable, des valets de chambre, des bonnes, des commis et des fonctionnaires.

Hé bien ! le valet de chambre, las des mépris du maître qu'il habille, déshabille, et débarrasse de ses bottes, se fera cocher, portefaix, et de portefaix, homme de sac et de corde.

La bonne, à force de voir les époux se tromper, finira par les tromper, et par prendre les vices dorés ou non de sa maîtresse.

Le commis s'étiolera, pendant douze heures de la journée, dans la prison cellulaire appelée *bureau*.

Le jeune fonctionnaire, aura ruiné son père, pour arriver à un emploi de mille francs, dans une administration où il achètera cher un traitement destiné à l'empêcher de mourir de faim.

Enfin l'injustice ou l'impéritie d'un supérieur aura rempli de soucis de toute espèce le noble cœur qui bat sous ce riche uniforme civil.

Mais ce tableau n'est rien en comparaison de l'effet que produirait une revue des déserteurs de la campagne, sur le père persuadé que le bonheur attend sa jeune famille dans le grand centre.

En haut, en petit nombre,

Les bons, les heureux, les grands, les riches et les élus de l'intelligence.

Après ceux-ci, en masses énormes,

Les solliciteurs, les agioteurs, les avocats sans cause, les fils qui ruinent leurs parents, les faillis, les gens vivant au jour le jour, les pauvres honteux, les mendiants et les affamés.

Les histrions, les baladins, et tout ce qui a besoin de cacher la profession que la paresse lui a fait embrasser.

Les pères, les fils, les mères, les époux, les frères et les sœurs ne valant rien.

Les ennemis de la religion, de l'Etat, de la société, de la famille et de la propriété.

Les dépravés et les prostituées avec leur suite de honteuses maladies.

Les voleurs et les assassins.

Désillusionné, tu voudras peut-être, dans ton désir de retenir tes enfants à la campagne, en faire sur
place des ouvriers industriels ou des brodeuses.

Mais ne vois-tu pas que la manufacture est, en petit, le grand centre, et que les travaux de broderie,
lors même qu'ils ne réagiraient pas fâcheusement sur
la moralité, non-seulement sont funestes au développement physique, à la santé et à la vue, mais encore te
privent de bras dont tu ne peux te passer ?

L'esprit de clocher.

L'esprit de clocher devrait simplement être l'a-
mour de la maison, de la campagne et de la commune qui t'ont vu naître.

Autrement défini, il devrait être pour toi le culte
de la patrie en miniature, et tendre à la conservation des affections de famille et des coutumes ou des
souvenirs qui te sont chers.

Mais par malheur, il est dans l'acception généralement admise, l'amour exclusif du petit coin dont il
vient d'être parlé, et ainsi compris, il est en toi un
sentiment ne s'arrangeant que des choses du lieu.

Il enfante la jalousie, entre pays voisins, au lieu
de l'émulation.

Il isole.

Il s'oppose au progrès général.

Il pose l'étranger en intrus.

Il fait l'administrateur à vues étroites.

Il suscite le journal uniquement préoccupé du
mouvement qui se produit dans son département.

Il ferme la commune aux éléments nouveaux qui
pourraient la rajeunir.

Il l'amène à se replier obstinément en elle-même.

Il crée la tyrannie de l'indigénat.

Il conduit aux extrêmes limites de l'égoïsme.

Il est la négation de l'unité appelée à faire la force
de la France.

Il institue dans la grande patrie des milliers de pays.

Tu peux m'en croire, moi qui souvent ai vu l'esprit de clocher refuser le chemin, la route ou le canal, s'opposer violemment à la mesure d'utilité publique, persister dans le mal dont il avait la conviction, et repousser avec brutalité le flambeau apporté pour l'éclairer.

Que dis-je? Dans l'histoire, j'ai vu l'esprit de clocher se faire calomniateur, persécuteur et bourreau.

Le juge de paix.

Le juge de paix est un juge en premier ressort, un pasteur et un père.

Il empêche petit procès de se faire gros.

Il rend amis les ennemis.

Il prévient le scandale ou l'étouffe.

Il est un confident sûr et un bon conseiller.

Il veille à l'ordre et aux bonnes mœurs.

Ses rapports touchent l'état de tes aspirations et de tes besoins.

Aussi te permettrai-je de penser le contraire alors seulement que tu l'auras vu juger au cabaret ou au café, se montrer le pique-assiette des notabilités de la contrée, ou accepter le cadeau du corrupteur.

Le commissaire de police cantonal.

Le commissaire de police se place naturellement entre le juge de paix dont je t'ai présenté le portrait, et le gendarme dont je vais, en peu de mots, te faire faire une ample connaissance,

Il lui faut les lumières et la sagesse de l'un, et l'énergique vigilance de l'autre.

Le gendarme.

Presque toujours enfant du village, le gendarme est le défenseur de la loi et de l'ordre, l'aide du juge de paix et du commissaire, et l'appui du fonctionnaire qui craint des résistances.

L'émeute qui connaît sa loyauté et son courage fuit devant lui.

Il arrête l'assassin, le voleur et le braconnier.

On connaît tous ses actes de sauvetage.

Et, s'il le peut, il acquitte la créance du prisonnier pour dettes, et l'amende du contrebandier que la misère de sa famille a conseillé.

Les pompiers.

Les pompiers sont la milice pacifique et joyeuse du village.

Ils font l'éclat de la fête présidée par des notables ou des magistrats.

Ils ajoutent, par leur présence à l'église, à la majesté du culte.

Au besoin, ils défendent l'ordre.

Mais leur plus beau moment, le moment qui les transfigure est celui où ces pères, ces époux et ces fils attaquent l'incendie, lui font sa part, ou parviennent à l'éteindre.

Parmi eux, que de poitrines où l'étoile de la légion d'honneur pourrait briller d'un pur éclat !

Le garde champêtre.

En principe, le garde champêtre est un précieux agent dont l'œil et le bâton protègent moissons, racines et fruits, qui assure l'exécution des mesures d'édilité rurale, qui fait la police du cabaret, et qui, avec ou sans la force publique, traque le malfaiteur.

Mais en pratique, il lui arrive trop fréquemment d'avoir des yeux pour ne rien voir, et des jambes pour ne pas marcher, d'être pour les faibles un tyranneau, de trembler devant les forts, d'être sensible au cadeau, et de laisser sa raison au fond de la bouteille.

Il promet, il est vrai, de voir plus clair, d'être
plus actif, de n'avoir qu'un poids et une mesure, et
de ne plus boire, pour le cas où son traitement ces-
serait d'être une fraise dans la gueule d'un loup.

Le garde forestier.

Il y a du bon gendarme et du bon garde champêtre dans le garde forestier qui, généralement, est
l'homme du devoir, et qui te rend l'immense service
de préserver contre les ravages des délinquants, les
forêts dont le bois te chauffe, alimente les fourneaux
industriels, et fait la coque et la mâture de nos na-
vires.

Cela dit, je recommande à toi, de ne pas le regarder comme un ennemi, et à lui de ne pas braconner.

Les employés des douanes et des contributions indirectes.

Pourquoi leur résister, les injurier et les maudire ?
Ne sont-ils pas les hommes de la loi ?

Ne protègent-ils pas l'industrie nationale contre
l'infiltration des produits de l'étranger ?

N'assurent-ils pas l'acquittement des droits destinés
à empêcher l'impôt direct d'être trop lourd, et à concourir, dans une mesure immense, à l'équipement
des flottes, à la formation des armées, à l'entretien
des routes et des canaux, et à la rémunération d'une
multitude de services ?

Il n'y a pas de sots métiers ; il n'y a que de sottes
gens.

Les employés des contributions directes et de l'enregistrement.

Ils sont institués pour imposer tes portes, tes fenêtres, ton champ et ta maison comme ils doivent
l'être, pour proportionner le taux de la patente à la
valeur de l'exploitation industrielle ou commerciale,

pour exercer un contrôle efficace sur tes déclarations de succession et de vente, et pour empêcher, de la sorte, que Pierre soit plus chargé que Paul.

Dès lors, il ne t'appartient pas de leur imputer à crime le dévouement qui se renferme dans les bornes voulues.

Ah! si l'enseignement de l'âge mûr était ce qu'il doit être, et si le temps que font perdre la paresse, l'orgie, et les mauvaises lectures était consacré à l'étude, que de préjugés ne seraient plus!

Le bon maire rural.

Il assure par autant de fermeté que de bienveillance, le respect et l'amour du souverain et de la loi, se levant le premier, dans les grandes crises, pour la défense de l'ordre.

Il est sans morgue, laisse les avis se produire, se garde bien de poser en despote, et fait de son mieux prévaloir les bonnes théories d'édilité, de police, d'entretien de la fortune publique, d'emploi des deniers communaux, d'assistance des pauvres et des malades, et d'extinction de la mendicité.

Il signale les moyens d'améliorer les revenus municipaux ou d'en créer de nouveaux, rapporte du comice agricole la bonne nouvelle, combat les préjugés ou la routine, et indique aux produits de nouveaux et faciles débouchés.

C'est sans demande d'honoraires qu'il défend ou recommande sa commune.

Il concilie, au moment même, les intérêts débattus devant lui, et rend ainsi désert le prétoire du conciliateur de profession, le juge de paix, si souvent pris dans les filets du souteneur de mauvaises causes.

Il fait doter la petite fille de la même instruction que le petit garçon, veut des salles d'école spacieuses, saines et exactement fréquentées, demande un bon instituteur et une bonne institutrice, et veille à ce qu'on donne à l'enfance des deux sexes d'attrayantes leçons d'agriculture.

Enfin, il donne l'exemple des vertus recommandées du haut de la chaire, et emploie tous ses soins
à ce que l'église ne laisse pas à désirer, à ce que la
cure soit digne du pasteur, et à ce que l'utilité du
ministre de Dieu soit comprise et sentie.

Un pareil maire par canton serait un moniteur
dont l'exemple et les succès susciteraient beaucoup
de bons magistrats municipaux.

Qand tous les maires seront bons, toutes les populations seront bonnes.

C'est la tête qui fait aller le reste du corps.

Le despote du village.

Fait de chair et d'os, et plein de vie, en ce moment, mon despote est chargé d'iniquités.

Le peindre est le nommer et le flétrir.

Mais il est père et époux; il peut se repentir, et
moi je suis chrétien.

Par conséquent, je dois me contenter de le recommander à tes prières.

Puissent, en m'entendant, tous les despotes de
village prendre l'alarme, et se résoudre à faire bonne
fin !

Puissent-ils aussi, dans l'intérêt du villageois et
du pouvoir, être surveillés, car ils sont pour la commune rurale ce que l'oïdium est pour la vigne, et
c'est leur insolente autocratie qui crée la désaffection
politique !

L'instituteur et l'institutrice.

Sorti de l'école normale, l'instituteur n'est pas le
savant qu'il se croit, et trop de présomption lui porterait malheur.

Ses études grammaticales veulent être complétées.

Il a besoin de se créer un style simple et coulant.

Son devoir est de parvenir à bien transmettre ses
connaissances.

Il se trouvera bien de s'adresser à l'intelligence, infiniment plus qu'à la mémoire de ses élèves.

Il doit apprendre l'art difficile du commandement qui fait aimer et respecter.

La modestie de son langage est tenue d'égaler celle de son attitude.

Il ne faut pas qu'à sa démarche et à sa mise, on reconnaisse le pédant.

Le soin de son école primera tous les autres.

L'affection du pasteur facilitera sa tâche.

Des études d'histoire naturelle pourront remplir ses moments de loisir.

De bonnes fréquentations lui feront obtenir la confiance des familles et l'estime générale.

En un mot, à regarder sa profession comme une espèce de sacerdoce, il gagnera non-seulement de ne pouvoir être atteint par le méchant propos, mais encore de devenir excellent maître et homme de bon conseil.

Quant à l'institutrice, elle calquera le bon instituteur.

Le pasteur du village.

Il est le ministre du Dieu sans lequel la sainte égalité dont nous jouissons ne serait pas.

L'église est son épouse.

Sa famille est son troupeau.

Ses frères sont: le pauvre, le riche, le fort, le faible, celui qui sait, et le simple d'esprit.

Son amour s'étend à tous les âges.

Son royaume est le royaume du ciel.

Bienveillant intermédiaire entre Dieu et toi, il te réconcilie avec lui.

Il te mène par la main dans la nuit de la vie.

S'il te quitte, c'est pour aller mourir sous le couteau des ennemis de son Dieu.

Il puise dans la foi le courage de te dire de dures vérités.

Il t'enseigne et te fait aimer la charité.

Il exige de toi le pardon de l'offense.

A l'exemple du Sauveur, il porte sur ses épaules la brebis fatiguée.

Il ramène celle qui est égarée.

Il reçoit et garde le secret du repentir.

Il relève l'âme abattue.

Au désespoir, il montre l'espérance.

Il rend le faible fort.

Ses bénédictions rendent tes champs fertiles.

Dans le danger il se dévoue, même pour celui qui vient de l'outrager.

Jamais le malade ne l'appelle en vain.

Au moment suprême, il sera le premier à ton chevet, pour préparer une âme de plus à Dieu.

Voilà le pasteur que souvent tu maudis jusqu'à ce que le repentir et l'approche de ta fin lui permettent de venir t'administrer la promesse du ciel.

La sœur en religion.

Le pasteur du village rappelle à la mémoire de son troupeau que le Sauveur du monde est né dans une étable, que sa divinité s'est réflétée dans sa sagesse, et que, Dieu fait homme, il a voulu, pour racheter nos fautes, souffrir, puis mourir à nos yeux de l'indigne et cruel supplice de la croix.

Qui l'écoute avec le plus d'élans pieux?

C'est une jeune et pure villageoise.

Chaque trait de la vie de Jésus remue son cœur.

Son âme s'emplit d'une chaste flamme.

C'en est fait: elle sera l'épouse du Christ.

Après une vie pure, que veut Jésus?

C'est l'amour du prochain, et comme on en témoigne en remplaçant la mère ou le père, et en secourant les affligés, elle laisse là les joies du monde, pour les petits enfants et les malades.

Voilà sa vie au milieu des campagnes et des villes qui retentissent des chants joyeux du laboureur et du fracas de l'industrie.

Mais, quand le fracas plus grand de la guerre se

fait entendre, elle vole vers les champs de la Crimée, et sans souci de sa faiblesse, de l'infidèle et de l'épidémie, elle panse les frères ennemis des deux armées, elle les soulève, elle les soutient, elle les porterait, si elle en avait la force, et quand ils meurent, elle leur montre le ciel qui les attend, le ciel qu'elle vient de demander pour eux.

Des champs de la Crimée elle va, un peu après, à ceux de l'Italie, où des guerriers chrétiens s'egorgent, et où Dieu lui réserve une sainte et douce surprise.

En effet, les fils armés du laboureur l'ont imitée.

Ils partagent leur pain avec l'ennemi vaincu, ils étanchent sa soif, ils arrêtent son sang, ils lui serrent les mains, ils le consolent.

Encore une guerre, et, comme la sœur, ils indiqueront le ciel à tout ennemi mourant.

Maintenant, habitant des campagnes, montre à qui doute des miracles du sang de Jésus-Christ, l'ange qui est ta fille, et les soldats tes fils que ses vertus ont sanctifiés.

L'église et le cimetière du village.

L'église est le monument élevé à Dieu par la foi de tes pères.

Elle est pour le chrétien ce que le drapeau est pour le régiment.

Elle est un trait d'union entre la terre et le ciel.

Elle est la maison du seigneur.

Elle est le lieu où tu reçois le baptême, où tu te nourris du corps et du sang du Sauveur du monde, où l'union des époux est bénie, et où le désespoir vient puiser l'espérance.

Le pasteur y explique la parole du Sauveur.

Il y prie devant le cercueil.

Il y recommande à Dieu ceux auxquels la prière est inconnue.

Il y sème la vertu dans les jeunes âmes.

Il y écoute le repentir.

Il en sort, à la tête des fidèles, pour attirer sur les biens de la terre, les bénédictions du Tout-Puissant.

Quant au cimetière, il est le champ de repos de tes aïeux.

En y priant pour eux, tu pries pour toi et pour les tiens.

En y parant leur tombe, tu donnes un corps au pieux souvenir.

En leur disant d'intercéder là-haut pour toi, tu conçois l'espérance de les revoir un jour.

Les funérailles, au village.

Quand un sinistre a ravagé ton champ, ou quand la maladie a emporté ton bœuf, tu pleures, et rien ne peut adoucir ta douleur.

Quand c'est un parent qui, de ce monde, passe dans l'autre, tu pleures aussi, mais souvent, à peine sorti du champ de repos, tu bois et manges avec excès chez le défunt où l'on parle de tout, excepté de lui.

Est-ce digne, je te le demande, et est-ce ainsi qu'on honore les morts?

Les dangers que l'on court à la foire.

A la foire, tu te hâtes de vendre ou d'acheter, et non content d'avoir laissé de tes plumes entre les mains du maquignon, tu bois, tu ris, et tiens de joyeux propos sous la tente du débitant forain.

Surviennent deux étrangers ou plutôt deux compères qui, si tu refuses d'échanger avec eux, contre ton argent, leur or qui est du plomb, te soutirent tes sous avec leurs dés pipés et leurs cartes biscautées.

Victime de ta stupidité, tu te retires confus comme un renard pris par une poule, et tu n'as plus, en t'en retournant, qu'à ruminer l'attaque de voleurs qui donnera le change à ta famille.

Un autre danger, si tu échappes au jeu de hasard

aussi peu sûr que le jeu d'adresse, te menace à la foire.

Tu montres ta valise; un filou l'escamote, ou bien des larrons qui l'ont vue, et qui t'attendent, au coin d'un bois, t'en débarrassent de force.

La rixe.

Fuis la rixe dont le théâtre est le cabaret ou le champ de foire.

Elle commence par la querelle qui trahit l'homme sans dignité.

Elle souille et déchire les vêtements.

Elle mutile, estropie et tue.

Elle te rend le pareil de la brute.

Elle désole ta famille, et te ravit toute considération.

Elle peut aller jusqu'à faire de toi un meurtrier ou un assassin.

L'avocat de village.

L'avocat de village est un officier ministériel révoqué, un fonctionnaire appelé à d'autres fonctions, ou un faux-savant.

A le voir et à l'entendre, on le prendrait pour un brave homme.

Pourtant, il a tout fait, hormis le bien.

Il est l'homme de quiconque le paie, le régale et l'abreuve.

Il est souvent celui des deux parties qui se disputent un coin de terre.

Toute cause lui semble bonne.

Tout moyen de la gagner, la ruse, le mensonge, la captation ou le faux, est le sien.

Il aime le procès.

Il le flaire de loin.

Il l'amène au besoin.

La conciliation, par conséquent lui fait horreur.

8

Véritable araignée, il tend le plus souvent sa toile, au cabaret.

Les ignorants et les ivrognes s'y prennent.

Il dévore ses victimes.

Il dévorerait, s'il le pouvait, la commune où, à elles-seules, ses excitations aux distractions de la paresse, font plus de mal que l'émigration agricole.

Le notaire et l'huissier.

Préfère au plus habile notaire celui qui est le plus rangé, qui semble avoir le plus de loyauté, qui offre le plus de garanties matérielles, et qui s'adonne le plus exclusivement aux devoirs de sa charge.

Veille à ce que les actes passés par-devant lui soient revêtus de toutes les formalités voulues par la loi, ne t'exposent pas à une amende où à une répétition du fisc, et ne renferment ni lacunes, ni ambiguités, ni clauses allant contre le fond du contrat.

Ne place pas tes fonds chez lui par le motif unique que tout le monde en fait autant, car combien qui jouissaient de la confiance générale l'ont odieusement exploitée!

N'aie recours à l'huissier qu'à la dernière extrémité.

Avant les voies rigoureuses, emploie celles de la persuasion.

Vise à peu de frais de poursuite.

Adresse-toi à l'huissier à la fois le plus actif, le plus intelligent, le plus probe et le plus humain.

En agissant ainsi, tu feras à autrui ce que, si tu étais à sa place, tu voudrais qu'il te fît.

Le délinquant forestier et le braconnier.

Le délinquant forestier vole le bien de l'Etat qui est le bien de tous, et celui des particuliers.

La crainte de l'amende le porte à la voie de fait, au meurtre ou à l'assassinat sur la personne du garde qui ne se laisse ni séduire par l'offre corruptrice, ni détourner de son devoir par la menace.

Le braconnier cause, il est vrai, moins de dommage ; mais sa passion, en l'exposant au crime, en fait un paresseux et un vagabond qui néglige sa terre.

En conséquence, fuis celui qui craint moins de tuer que d'être vu coupant un arbrisseau, tirant sur une pièce de gibier, ou jetant l'epervier.

La prise, le cigare, la pipe et la chique.

La prise est l'excitant de l'homme qui pense, et la jouissance du compère et de la commère.

Le cigare est le suppléant accidentel du tabac haché ou en rôles, et ceux-là le chérissent, qui veulent se donner de l'importance, ou qui trouvent la pipe trop plébéienne.

La pipe est le passe-temps du petit bourgeois, du peuple, du soldat et de l'homme des champs.

Aux mâchoires déclassées la chique au jus âpre et dégoûtant.

Le tabac en poudre réagit fâcheusement sur certains cerveaux, lors même qu'il n'est mélangé ni de verre, ni de terre noire, ni de chicorée, ni de poivre.

Le cigare et la pipe ne conviennent pas à bon nombre d'estomacs et de poitrines; ils causent l'engourdissement, la prostration, l'épuisement; ils infligent en outre, au travailleur, une énorme perte de temps.

Somme toute, le tabac quand on en use avec excès, est très-nuisible; il inspire le goût du jeu, des boissons enivrantes et de la paresse, et la minime dépense qu'il occasionne chaque jour finit par se résoudre en une dépense annuelle de 40 à 50 francs avec lesquels tu achèterais bien des choses utiles.

Ta compagne et tes filles, qui ont aussi besoin que toi de distractions, ne fumant pas, pourquoi fumes-tu?

Cependant, par ce motif que des travaux plus rudes peuvent te rendre la distraction plus nécessaire, je ne te défends pas absolument la pipe, et je me contente de te recommander d'abord d'en faire un usage modéré, puis de ne pas laisser tes fils la prendre de trop bonne heure.

L'éducation consiste à empêcher ses enfants de contracter les habitudes qui nuisent ou ne servent à rien.

Le témoignage en justice.

Dieu, comme la loi, exige la sincérité absolue du témoignage en justice.

Cacher ce que tu sais du délit, est t'en rendre complice, et permettre au coupable de poursuivre le cours de ses méfaits.

La société te représente l'assurance mutuelle, et protéger le malfaiteur, est déchirer le contrat.

Au reste, cacher ce que tu sais de la mauvaise action, est violer ton serment de dire la vérité.

Ne sais-tu pas non plus, que la loi punit et flétrit le faux témoignage?

J'ai peur, répondras-tu.

Hé bien! Si, en toi, la peur des hommes parle plus haut que la crainte de Dieu, tu pourras te soustraire à la justice humaine, mais tu n'échapperas pas à celle de là-haut.

Les plaisirs des jours de repos.

Convaincu maintenant que les plaisirs peu honorables, ou dont on contracte une trop grande habitude sont aussi funestes au travail agricole que l'émigration rurale, tu désires, jeune homme, jeune fille, chef de famille, ou ménagère, connaître les moyens d'observer le dimanche sans trop d'ennui.

Remplis d'abord tes devoirs de chrétien, puis choisis dans tout ceci, donnant la préférence à ce qui instruit ou est joie de famille, et mettant les petits enfants eux-mêmes de la partie, dans la plupart des cas.

Les jeux de cartes, de domino, de dames et non intéressés ou l'étant peu.

Les jeux innocents de société.

Les jeux en plein air.

Les jeux d'adresse.

La promenade à pied, en voiture ou à cheval.

La visite aux parents ou amis du village voisin.

La pêche ou la chasse.

La partie de plaisir.

La cueillette des fleurs du champ ou du jardin.

Le repas au jardin ou sous la treille.

Le festin peu coûteux qui resserre les liens de famille ou d'amitié.

La ronde innocente.

La solennité qui moralise autant qu'elle plaît.

Le chant honnête.

La musique dont, tout-à-l'heure, je te parlerai.

La participation aux réunions de la société de bienfaisance.

Si tu sais un peu de dessin, la reproduction par le crayon, d'un charmant paysage.

Enfin la lecture du bon livre, et l'étude de certaines parties de l'histoire naturelle.

De pareilles distractions substituées, dans tout l'empire, à celles du cabaret, doteraient l'agriculture d'une force matérielle équivalente à des millions de bras, et d'une force morale incalculable.

L'orphéon et le corps de musique.

La musique ajoute à la pompe des fêtes publiques et religieuses.

Elle élève l'âme et adoucit les mœurs.

Elle charme la tristesse et chasse l'ennui.

Elle est un pur et noble délassement.

Ses effets connus datent des temps les plus reculés.

Ainsi, selon la fable, elle savait non-seulement amener les pierres dont Thèbes devait être bâtie, à se placer d'elles-mêmes, les unes sur les autres, mais

encore attendrir, dans les enfers, les gardiens de
l'épouse enlevée à Orphée.

Après cela, comment ne pas te recommander la
formation d'un orphéon ou d'un corps de musique ?

Les chants du villageois.

Tu es un père, un époux ou un fils irréprochable ;
tes mœurs sont bonnes, et, à l'église, ton attitude est
édifiante.

Et cependant, quand en toi la joie déborde, c'est
en accents grossiers et impudiques.

Sache donc que le seul chant qui soit permis et
qui plaise, est doux, harmonieux, noble et chaste,
et que le cri discordant est celui du sauvage.

Les mœurs et les passions, en général.

La licence des mœurs, surtout entre les époux, est
plus grande à la ville qu'à la campagne.

Mais ici la jeunesse des deux sexes perd de plus
en plus la simplicité et la retenue qui étaient, avec
la religion, le rempart de la vertu.

Chez les jeunes filles, quand les sens sont purs, l'i-
magination enflammée occasionne des affections va-
poreuses de la multitude desquelles le médecin seul
a le secret.

Chez les jeunes gens, des habitudes vicieuses privent le corps et l'esprit de l'énergie dont ils ont besoin.

L'envie et la haine, si elles n'éclatent pas avec
violence, sont concentrées et éternelles, ce qui fait
dire que les pires passions sont celles du village.

En effet, rien ne les distrait de leur objet, parce
que l'éducation n'a pas émoussé les aspérités des
penchants.

Sans autre cause, on a vu des hommes perdre l'appétit, l'embonpoint, la gaité et la raison.

L'ambition, il est vrai, ne décime pas, dans les
campagnes, par l'appoplexie et le suicide, ce tas d'in-

sensés qui ne peuvent se résigner à la paisible obscurité où les retient leur rang spirituel ; mais sous
une forme qu'on peut appeler l'*ambition parcellaire*,
elle précipite ou élève l'homme.

Portée à l'excès, elle expose à une gêne affreuse ou
à la ruine, le laboureur qui achète inconsidérément.

Le fumier et les bras ne suffisent plus.

Les récoltes deviennent relativement mauvaises.

Un surcroît de fatigue altère la santé.

On ne s'occupe plus assez des siens.

Enfin on est tué par le souci résultant de l'impossibilité de payer.

Modérée, l'ambition parcellaire produit, heureu-
sements, d'excellents résultats.

Elle supprime l'ivrognerie et l'oisiveté.

Elle stimule l'industrie.

Elle introduit des habitudes d'ordre et de travail.

Elle forme la multitude de petits propriétaires in-
dépendants qui constituent la nation difficile à en-
vahir, ou au moins à subjuguer longtemps.

L'éducation physique des enfants.

La villageoise allaite ses petits enfants pendant
beaucoup moins ou beaucoup plus de quinze mois.

Elle les serre à l'excès dans le maillot dont le progrès ne veut pas.

Elle ne les préserve pas, surtout, au moment du
baptême, contre leurs mortels ennemis le froid et
l'humidité.

Les vêtements qu'elle leur destine sont trop épais
ou trop légers.

Elle les élève dans une chambre privée d'air ou
de lumière.

Elle les porte trop longtemps ou trop souvent, au
lieu de les habituer à se suffire à eux-mêmes, dans
de libres ébats sur des nattes de paille ou de jonc.

Après le sevrage, elle ne leur offre pas la saine
nourriture qui leur convient.

Elle les laisse à côté du poèle ardent qui risque de les brûler.

Allant au champ, elle ne ferme pas la porte de la chambre ou un porc peut venir les dévorer.

Elle n'enlève pas les allumettes chimiques qui sont à leur portée.

Elle tarde à les faire vacciner.

Elle les tient malproprement.

Elle ne les empêche pas d'aller seuls à la rivière.

Elle leur impose de bonne heure des travaux rudes et malsains.

Et surtout, ignorant que l'esprit doit être conduit de front avec le corps, elle les expose, en ne les faisant pas aller à l'école, à l'oisiveté pire pour eux que les travaux pénibles.

La petite presse.

Comment procède trop généralement la petite presse, dans sa mission de tenir aux masses un langage digne et instructif?

Elle nous entretient d'utopies et de riens politiques, de querelles personnelles, de niaiseries, et de facéties qui rendent le délit divertissant; puis, si elle est morale en haut, elle défait en bas son œuvre, à l'aide du roman, fabricateur de phrases creuses, et de faits invraisemblables, sans portée ou honteux.

Et les lecteurs de se jeter avec avidité sur cette paille, ou plutôt sur cette ordure intellectuelle, sans se douter qu'on leur vole leur argent, qu'on se moque d'eux, et qu'on veut les tailler à son image.

Si j'étais petite presse, je donnerais d'utiles leçons à la grande presse, en poursuivant un autre but.

Par exemple, je voudrais faire autant pour le progrès que la société d'émulation, de bienfaisance ou d'agriculture, dont les mauvais enseignements du petit journal étouffent la voix.

Je voudrais, quand le fait actuel ferait défaut, rappeler le fait ancien dont l'importance n'est pas de nature à se prescrire.

Je voudrais,—en politique, faire des amis de l'ordre,—en religion et en morale, élever haut la vertu, —en littérature, puiser aux sources les plus pures, —en matières scientifiques, former des hommes positifs,—et en agriculture, passer en revue tous les moyens d'augmentation de la production et d'émancipation des bras.

Que dis-je ? Les ouvriers de la terre étant les plus nombreux et ceux auxquels la prédication imprimée manque le plus, je voudrais consacrer à l'art agricole, au moins le quart de la partie non occupée par les annonces.

Fidèle à ce programme, je formerais le goût et le jugement ; je grandirais les intelligences ; je nourrirais les cœurs ; j'épurerais les âmes ; je serais la tribune de la vraie vérité ; je serais le journal des mères qui veulent pour leurs filles de chastes lectures ; je ne paraîtrais au cabaret et au cercle que pour y gourmander l'intempérance et la paresse ; enseignement de tous les âges et de toutes les conditions, je ferais jaillir la source pure de tout progrès, l'émulation ; enfin, j'aboutirais avec autant d'honneur et de profit que la presse de la ville, où j'écris en ce moment.

Avis à la presse, aux gens de cœur et au pouvoir !

Car où nous mènerait l'affaissement continu du sens moral dont je n'hésite pas à attribuer la cause principale à ce que, pour la plupart, les grands et petits journaux n'ont pas de leur mission l'exacte et haute idée qu'il leur faudrait.

Il suffit à l'erreur d'être imprimée pour devenir l'évangile de l'ignorance et du demi-savoir.

L'affaissement du sens moral-

A de certains moments, la société éprouve un affaissement du sens moral dont voici les effets :

L'oisif oublie que l'agriculture est la Providence alimentaire des hommes.

Malheur au savant qui est modeste et au littéra-
teur qui se respecte !

L'art n'est plus une religion.

La spéculation remplace l'inspiration et chasse le
goût.

On produit vite au lieu de bien.

L'idée est noyée dans la phrase.

Les œuvres de l'esprit offrent la superficie là où il
faut la profondeur.

Le roman prend ses héros dans la caverne, la prison ou le cabaret, et ses héroïnes dans la demeure de
la courtisane ou de la prostituée.

La presse collabore avec lui, nous racontant dans
la langue des bouges, et cherchant ainsi à rendre
piquants ou émouvants, les faits et gestes du vice,
du vol et de l'attentat.

L'éloquence est un jeu de l'esprit, ou une massue
qui tombe sur les institutions.

L'égoïsme glace les cœurs.

Le culte du veau d'or les énerve et les pervertit.

L'intérêt, l'orgueil et l'envie chassent, de la société, le respect de ce qui est à respecter, de l'esprit, les grandes pensées, du cœur, l'amour du sacrifice, et de l'âme, la pureté et les croyances.

La société forme une échelle du haut et du bas
de laquelle on se regarde avec dédain ou menace.

On cesse de croire que les hommes sont frères, et
que l'égalité devant le mérite est une réalité.

Le talent et la vertu sont regardés comme de mauvais moyens de parvenir.

La loi est un ennemi à renverser.

Le droit se mesure sur l'intérêt individuel.

Essences sans lesquelles la véritable liberté n'est
pas, la religion, la famille et la propriété sont re-
mises en question.

On pose Marat sur un beau piédestal.

La fin justifie les moyens.

De la règle on fait l'exception.

Du bien on fait le mal.

La langue du devoir n'est plus comprise.

Le fort du jour oublie sa faiblesse de la veille.

On entend par principe d'autorité l'abus de la force.

Le fonctionnaire a tout à craindre de son honnêteté, et tout à espérer des voies tortueuses.

L'élu doit son mandat au mensonge, à l'intrigue, à la corruption ou à l'intimidation.

On se prosterne devant l'indignité dont on peut profiter.

Les obsessions de l'intrigue et la paperasserie font oublier le progrès à l'administrateur.

Des pratiques religieuses on se fait un marche-pied pour les emplois ou les honneurs.

Le dévouement est acte de démence.

La charité est un moyen de poser ou d'aboutir.

L'oisiveté s'appelle indépendance.

Des maîtres de l'enfance donnent de funestes exemples.

L'orgie trône à la place des joies honnêtes et des travaux utiles.

Le luxe est tout, et l'homme rien.

On ne veut plus mourir pour son pays.

On vit comme si le jour devait être sans lendemain.

On expire sans savoir où l'âme ira.

Je viens de t'effrayer, mon cher lecteur ; mais rassure-toi ; nous avons sous la main de très-nombreux moyens de nous défendre contre l'affaissement du sens moral.

En effet, que nous faut-il pour être sauvés?

Un souverain qui, comme le nôtre, veuille, et dont la main de justice s'étende partout.

Des ministres et des chefs de service s'inspirant, comme il le font, de son génie et de ses élans.

Un principe d'autorité qui semble plus une auréole qu'un glaive.

Une littérature plus classique et plus pure.

Une étude moins profane des sciences qui, quoique certains disent, prouvent toutes Dieu.

Des sociétés savantes aussi soucieuses des besoins moraux que des aspirations matérielles de l'époque.

Une presse sentant que sa mission est d'éclairer les masses d'une pure et utile lumière.

Des maitres de l'enfance et de la jeunesse, prêtres et séculiers, marchant, comme un seul homme, imposant moins d'études par cœur, et élevant de plus en plus les âmes.

Le talent et la vertu rendus par l'opinion publique, inséparables du rang et de la fortune.

Et surtout, en ce qui concerne les travaux moralisateurs de la terre, d'abord, pour l'âge-mûr des comices, des concours, des conférences agricoles, et des livres à la fois facilement compréhensibles, professionnels, religieux et moraux, puis, pour l'enfance, un enseignement théorique et pratique des plus simples éléments de la science du labour.

Habitants des campagnes, propriétaires oisifs compris, voulez-vous prévenir ou empêcher de persister l'affaissement du sens moral?

Suivez les milliers de conseils que, par la bouche des agronomes et des sages, je viens de vous donner.

Le grand nombre, d'ordinaire, entraine le petit; l'exemple doit monter ou rayonner aussi bien que descendre, et l'esprit de sacrifice dont je vais parler rend tout facile à l'homme, en le rapprochant de Dieu, le plus possible.

L'esprit de sacrifice.

Qu'est-ce qui fait le plus la puissance, la gloire, le bonheur, et, en ce qui concerne l'agriculture, la moisson, la prairie, le troupeau et le laboureur aimés de Dieu?

Est-ce la guerre? Est-ce le génie? Est-ce le désir? C'est l'esprit de sacrifice.

En effet, le sacrifice est le bien moral, la vertu et le dévouement.

Il n'y a point de vertu là où il n'y a pas de sacrifice.

Un acte de vertu est un acte de violence qui coûte toujours plus ou moins à notre faiblesse.

Serait-il seul au monde, qu'un homme devrait encore compter avec ses devoirs, et imposer un joug à ses passions.

Combien, dans les rapports de famille, l'obligation du sacrifice produit d'heureux effets !

La mère s'oublie pour son enfant.

L'épouse est la femme forte de l'écriture.

Le père embrasse l'enfant prodigue et lui pardonne.

Le fils honore les plus mauvais parents.

Le frère partage sans murmure avec le frère.

Enfin règne entre tous la fusion de goûts, d'aspirations et d'efforts qui fait la paix et la concorde dans la famille.

Dans les raports de société, l'obligation du sacrifice n'est pas moins évidente.

On rompt toute volonté devant son supérieur.

La loi dure est observée.

On meurt pour son pays.

Les distinctions de rang, de fortune, d'éducation et de travail cessent de blesser, parce que Dieu les a voulues.

Que dis-je ? A la voix du sauveur qui nous dit de nous aimer les uns les autres, nous renonçons à la haine, nous oublions les torts, et nous tendons la main à nos ennemis.

Sans l'esprit de sacrifice qui est l'esprit de Dieu, une génération travaillerait-elle pour d'autres générations ?

Le missionnaire irait-il planter seul, chez les antropophages, la croix de salut?

Un homme, pour en sauver un autre, braverait-il le feu, l'eau et le mur qui s'écroule ?

En ce qui concerne l'agriculture, les campagnes résisteraient-elles aux innombrables causes de dépopulation qui les menacent ?

Du moment qu'il est père jusqu'à celui où l'autre vie va commencer, le laboureur mouillerait-il incessamment la terre de sa sueur ?

Ses joies du dimanche seraient-elles innocentes et honorables ?

Les foires seraient-elles pour lui un lieu d'affaires, au lieu d'un rendez-vous d'intempérance ?

Aurait-il des valets capables d'attachement pour lui et pour la terre ?

Verrait-il dans le pauvre petit berger un enfant dont il a à soigner le corps et l'âme ?

Ah ! oui, connaître le sacrifice, en prendre la sainte habitude, et souffrir sans révolte, et comme avec plaisir, voilà le résultat pratique de la science du divin crucifié.

Au résumé, sans le sacrifice qui est l'amour de Dieu, il n'y a pas de grandes choses, pas de grandes pensées, pas de champs bénis ; il n'y a que l'affaissement continu du sens moral ; il n'y a qu'une civilisation menacée de tomber comme sont tombées Ninive, la vieille Egypte, Athènes, et Rome païenne.

En vérité, l'esprit de sacrifice fait des miracles.

Songez-y de plus en plus, grands de la terre, pasteurs des âmes, et maîtres de l'enfance.

Nous en serons tous capables, si vous l'avez vous-mêmes.

Au laboureur.

Tu es l'homme fort et heureux que la sagesse antique appelait *un esprit sain dans un corps robuste.*

En effet, où trouvera-t-on ces deux conditions presque toujours réunies, si ce n'est en toi ?

Robuste par un contact permanent avec la nature et par la rudesse de ta vie, tu accomplis un énorme travail.

Bien plus, si la loi de salut du pays t'arrache à la terre, c'est toi qui supportes les fatigues qui tuent les autres, c'est toi qui, dans les combats, sais le mieux vaincre ou mourir.

Cette santé et cette force de ton corps sont aussi celles de ton âme.

Tu ne connais pas les exaltations et les caprices d'imagination qui oblitèrent les idées et égarent l'esprit.

Ta pensée toujours nette gagne en justesse et en profondeur ce qu'elle n'a pas en étendue.

Tu ne connais que ton horizon, bien moins borné qu'on ne le pense.

Il suffit d'avoir eu avec toi un entretien, pour savoir qu'il y a chez toi des aperçus qui étonnent, une science d'intuition qui émerveille, et une exactitude de jugement qui égale ou dépasse celle des hommes qui ont pâli sur les livres.

Fort dans ta santé, fort dans ton esprit, roi dans ton champ, tu n'es jamais plus digne d'observation qu'au foyer domestique.

A peine as-tu échappé à la loi du recrutement, ou honorablement passé sept ans sous les drapeaux, tu choisis une compagne rarement plus jeune que toi.

Tu la choisis de ton âge, parce qu'une longue et constante communion de jeux, de goûts et de travaux a fait une âme unique de vos deux âmes.

Les soins et les labeurs commencent aussitôt.

Vous unissez vos forces.

Mûris de bonne heure par le travail, vous acquérez l'expérience.

Bientôt, de nombreux enfants prennent place à votre table, et Dieu en soit béni, car ta famille ne peut être composée de trop de membres.

C'est à sa tête que, le matin et le soir, tu pries ton Dieu avec le plus d'ardeur et d'espérance.

C'est là que le sentiment conservateur des sociétés humaines se réfugie.

C'est là que naît et grandit le mieux tout respect : respect du père et de la mère, respect du pasteur, respect de l'autorité, respect de l'ordre, respect de la propriété.

C'est là surtout que le valet, édifié par de touchants exemples, et reconnaissant d'être traité en homme, se prépare, à force de travail et de fidélité, à devenir à son tour un bon cultivateur et un bon maître.

Tu vaux beaucoup, comme tu le vois, mais tes enfants peuvent mieux valoir encore, si à l'école on les attache, pour toute la vie, par un cours professionnel et moral de labour, aux champs qu'un jour tu leur légueras.

Là est leur seul avenir ; là est le levier du pays qui veut soulever le monde ; là est la virilité de la société qui, sans la charrue, ne saurait ni grandir ni durer noblement.

A propos de famille, toutes les inégalités de la vie, sache-le-bien, sont renfermées dans un berceau.

Inégalité des forces, inégalité des intelligences et inégalité des sourires et des larmes.

C'est donc à sa naissance que doit être pris avec amour, pour ne pas être quitté jusqu'à l'adolescence, l'enfant dont les parents veulent faire un homme fort.

En d'autres termes, c'est par la base que doit être commencée la pyramide dont le sommet veut se perdre dans l'air.

Par extension, c'est du jeune âge à l'âge avancé que le gouverné doit recevoir du gouvernant l'enseignement moral et professionnel qui, étendu à tous, forme le peuple content du présent, modéré dans ses vœux, sûr de l'avenir, éclairé, puissant et glorieux.

D'où ce principe, fécond en résultats immenses, que le maître de l'éducation publique peut changer à son gré la face de l'empire.

D'où aussi cette autre vérité : que le fils du laboureur ne quitterait jamais, si on la lui avait fait aimer dès son enfance, l'utile et noble profession de son père.

Par une heureuse coïncidence, la société chrétienne ne pense ni ne fait autrement.

Elle place un appui où la nature a mis la faiblesse.

Elle donne la lumière à qui la demande et la cherche.

Elle éclaire celui-là même qui ne veut pas voir.

Du jour de la naissance à celui de la mort, elle enseigne à chacun la loi de Dieu.

Elle adjoint même ses pasteurs aux maîtres séculiers de l'enfance.

Enfin, l'ensemble de ses préceptes et de ses actes s'appelle esprit de sacrifice, amour et charité.

Aux ouvriers industriels.

Ouvriers industriels, je viens d'écrire au moins autant pour vous que pour le laboureur, car, vous aussi, vous pouvez être le même homme que lui.

En effet, vous convertissez les produits agricoles en éléments du bien-être et du luxe.

Vous faites les chefs-d'œuvre qui vous sont commandés.

La machine imaginée par le savant ne serait pas sans votre intelligence et votre adresse.

Vous coulez et battez le fer qui sera soc de charrue.

Les grandes choses remuent vos cœurs.

Vous n'avez pas de leçons de dévouement à recevoir.

Vous êtes, quand vous le voulez, l'homme dans toute sa dignité.

Mais, chez vous, l'imagination est trop souvent la folle du logis.

Vous croyez facilement que le mal auquel on vous conduit est le bien.

Vous vous laissez pétrir par le mauvais journal et le mauvais livre, à l'image de l'écrivain qui vous exploite.

Le bon conseil vous semble une injure ou un piége.

Créateurs des œuvres de luxe, parfois vous les voyez passer en d'autres mains, avec un regard d'envie qui est écrit sur votre mise du jour de fête.

La fortune conquise par le travail ou par l'intelligence est trop souvent, à vos yeux, un vol.

Il vous arrive de vous isoler, même au sein de la famille, en vous adjugeant tout entier le bien-être dont chaque membre doit avoir une part.

Voulant, au nom de la justice, devenir les maîtres de vos patrons, vous oubliez que, devenus ce que vous êtes, ceux-ci retourneront à bon droit l'argument contre vous.

Vous perdez ainsi de vue qu'il y a dans la nature

des chênes et des roseaux, et dans l'humanité des grands et des petits.

Environné d'objets qui parlent à vos âmes infiniment moins haut que la nature à l'homme des champs, vous recherchez les jouissances purement matérielles.

Au repos du dimanche, vous ajoutez celui du lundi.

Vous voulez une pluie continuelle de manne.

Vous en venez à maudire le pasteur vous disant qu'il faut mieux faire.

L'état qui veut vous voir seconder le constructeur, au lieu de renverser la construction, vous devient odieux.

Vous descendez de plus en plus dans le désordre et dans la honte.

Autour de vous, tout devient misère.

Enfin vous succombez sous de précoces infirmités, laissant derrière vous des mendiants, et vous demandant trop tard ce que Dieu fera de vous.

O ouvriers industriels parmi lesquels, toutefois, il y a tant d'honorables exceptions, rapprochez-vous, à l'aide de mes conseils, de l'ouvrier rural que je demande.

Rapprochez-vous de lui par la simplicité, la modestie et la pureté des habitudes.

Si vous le faites, vous verrez comme lui l'aisance, la paix et le bonheur venir s'asseoir à votre foyer, et certainement, l'agriculture et l'industrie seront alors deux nobles sœurs saintement unies, et quand dix-huit millions d'ouvriers du marteau et de la plume vaudront en France vingt millions d'ouvriers de la terre, nous serons un grand pays.

Simples moyens d'instituer dans les écoles un enseignement élémentaire agricole facile, attrayant et fructueux.

Instituteurs, écoutez-moi :

Pourquoi si peu de vous se décident-ils à faire,

dans leur école, le cours d'agriculture qui seul peut arrêter l'émigration rurale ?

C'est par ces trois motifs qu'un livre élémentaire parfait est encore à trouver, — que vous succombez sous le poids d'une multitude d'attributions,—et que, dans vos écoles, les mémoires médiocrement douées ont bien assez de l'étude par cœur du catéchisme, de l'histoire sainte, de la grammaire, de la géographie et de l'arithmétique.

Hé bien ! ces trois difficultés sont faciles à lever.

En effet, en premier lieu, si aucun livre élémentaire absolument parfait n'existe, on se sert du moins défectueux.

En deuxième lieu, vous pouvez affecter un jour ou tout au moins un demi-jour de la semaine à l'enseignement à introduire.

En troisième lieu, rien ne vous empêche, d'abord, de confier, à force d'explications, la théorie agricole, non à la mémoire qui effleure, mais à la réflexion qui approfondit, puis, en ce qui concerne la pratique, d'instituer, pour le jour affecté à la leçon, une promenade agricole imitée de celle que je vais décrire.

Ici, me substituant pour un instant à vous, je conduis, après la partie purement théorique de la leçon, vos jeunes élèves à la campagne.

Le temps est favorable ; nous verrons les guérets.

On laboure, on herse, on sème, on sarcle, on bine, on extirpe, on fauche, on moissonne et l'on rentre les produits ; je fais voir et j'explique instruments et ouvrage.

On amende, on écobue, on draine, on irrigue, on marne, on cherche des amendements, on défriche, on fume et l'on échenille ; je fais voir et j'explique encore ; bien plus, j'entre en rapport avec l'homme des champs, et j'échange avec lui des explications qui intéressent au plus haut point nos jeunes auditeurs.

Un autre jour, la campagne n'étant pas abordable, nous allons dans la ferme, et là, nous faisons devant le fumier et le compost, dans l'étable, dans la basse-cour, dans la grange, dans la cave, au grenier, au fenil, dans l'habitation, près du rucher, dans le verger et au jardin, comme nous avons fait dans le champ et dans le pré ; je m'entretiens avec le laboureur ; nous comparons ; rien de ce qui se dit ne se perd, et, revenu chez lui, l'enfant rapporte ce qu'il a vu et entendu à sa famille qui, bien souvent, en profitera.

Maintenant, instituteurs, convenez que, de leurs promenades, nos jeunes élèves tireront une multitude d'enseignements, qu'ils auront fait, sous notre conduite, de bien utiles comparaisons, qu'une génération ainsi préparée sera capable de grandes choses, que, quelle que soit l'imperfection du livre élémentaire, un pareil cours d'agriculture est très-facile à introduire dans les écoles, et que, sans les leçons auxquelles je vous supplie de vous dévouer, le progrès continuera de se produire avec lenteur.

Convenez également que votre cours, en vous permettant de devenir agronomes, et en doublant votre importance, n'aura pas été moins avantageux à vous-mêmes qu'aux enfants qu'il aura si heureusement formés.

Pendant plus de six mois de l'année, répondrez-vous, les écoles sont vides.

Mais quelle vue utile échappe aux objections ?

Mais, si une judicieuse et forte volonté ne soufflait pas sur les brins de paille mis en travers du chemin par la routine, aurions-nous vu l'Empereur obtenir les prodiges qu'il a voulus ?

Et d'ailleurs, dans la commune bien composée et bien conduite, ne voit-on pas déjà la plupart des enfants rester à l'école pendant toute l'année ?

On n'a rien pour rien, et la difficulté fait le mérite du succès.

Cette objection détruite, une autre vient.

Les instituteurs, me dit-on, ne peuvent professer ce qu'ils ignorent.

Mais combien de cours sont imposés et font merveille, dont avant de les faire, le professeur ne savait pas le premier mot !

Mais l'instituteur est fils de laboureur.

Mais il aura sous sa main le livre élémentaire, devant lui les campagnes ou les fermes, et pour voisin le laboureur qui, d'ordinaire, est de bon conseil.

Mais l'école normale pourra avoir son professeur d'agriculture ?

Mais, moi qui écris ce petit livre, je n'ai jamais labouré, fumé, semé, biné, irrigué, récolté, ni fait une analyse chimique.

Mais enfin, ne s'agit-il pas de jeter simplement chez l'enfance un grain d'où puissent sortir l'idée et le goût de l'agriculture ; et, en usant ou plutôt en abusant du raisonnement contre lequel je m'élève, n'ose-t-on pas soutenir implicitement l'inutilité du comice qui, lui aussi, est une école théorique et pratique de culture de la terre ?

Conclusion.

J'ai trouvé dans mille bons livres les milliers de préceptes que tu viens de lire.

Voilà tout le mérite dont je me prévaudrai, en demandant grâce, en faveur du fond, non-seulement pour la forme du travail, mais encore et surtout pour l'ordre des matières, dont je n'ai pas eu le temps de m'occuper assez.

Au reste, j'espère tout de cette vérité que *l'habit pare, mais ne fait pas le moine*, et de ce fait que *quelques perles sauvent le milieu où on les trouve*.

Puisse, cher laboureur, ce petit livre être , au point de vue agricole, religieux, moral et politique, un miroir où tu te voies clairement avec tes devoirs, tes besoins, tes qualités et tes défauts de toute espèce !

DEFRANOUX.

AVIS IMPORTANT.

Ne pas confondre cette *École préparatoire du laboureur* avec la *Petite école préparatoire du laboureur*, qui, trois fois moins volumineuse, sera prochainement publiée.

Les deux écoles seront spécialement destinées : celle-ci aux enfants, et l'autre aux adultes des écoles.

L'une complètera l'autre.

ERRATA.

Page 5, ligne 14, *au lieu de* : folliacées, *lisez* : foliacées.
— 14, — 17, — ameublement, *lisez* : ameublis-
sement.
— 18, — 5, — houx, *lisez* : houe.
— 19, — 7, — remplace, *lisez* : remplace les.
— 19, — 24, — ondin, — andin.
— 23, — 38, — reherser et,— reherser ou.
— 36, — 17, — sous ses, — sous leurs.
— 37, — 2, — voit, — vois.
— 40, — 51, — l'enrichit, — t'enrichit.
— 42, — 23, — les maladies et ennemis, *lisez* :
les maladies et les ennemis.
— 43, — 5, — maladies, *lisez* : maladies.
— 44, — 33, — lempérament, — tempérament.
— 48, — 7, — rend, — rends.
— 54, — 11, — acres, — âcre.
— 58, — 5, — de choix, — des choix.
— 59, — 20, — introduits, — introduis.
— 59, — 52, — fait, — fais.
— 82, — 16, — dissoluion, — dissolution.
— 94, — 3, — peut-être, — peut être.
—119, — 4, — bouleverser,— recréer.
—158, — 16, — mourrir, — mourir.

E. JOURNET-MEYNIER, IMPRIMEUR A LONS-LE-SAUNIER.

www.ingramcontent.com/pod-product-compliance
Lightning Source LLC
Chambersburg PA
CBHW070545200326
41519CB00013B/3132